U0191985

# 建筑结构弹塑性分析技术研究与应用

尧国皇　孙　明　著

中国建筑工业出版社

**图书在版编目（CIP）数据**

建筑结构弹塑性分析技术研究与应用 / 尧国皇，孙
明著. —北京：中国建筑工业出版社，2023.6（2024.10 重印）
ISBN 978-7-112-28680-5

I.①建… II.①尧… ②孙… III.①建筑结构—弹塑
性—研究 IV.①TU313

中国国家版本馆CIP数据核字（2023）第074104号

本书采用有限元软件，基于合理的材料弹塑性（损伤）本构关系模型，对建筑结构弹塑性分析技术进行了研究，选择了适合建筑结构弹塑性分析的钢材（钢筋）和混凝土的本构关系模型，开发了适用于弹塑性分析的混凝土材料塑性损伤本构关系模型的用户材料子程序。采用本课题研究成果，对典型构件、节点振动台试验数据进行了验证，建立了典型超高层框架建筑结构的精细弹塑性分析模型，对其进行了罕遇地震作用下的弹塑性时程分析，较为清晰地揭示这类结构体系在罕遇地震作用下的弹塑性工作性能，并结合相关实际工程，介绍了研究成果在实际工程上的应用。有关研究成果可为结构抗震设计及研究人员进行相关工程设计计算或加固改造等提供参考。

责任编辑：万　李　曾　威
责任校对：李美娜

建筑结构弹塑性分析技术研究与应用
尧国皇　孙　明　著

＊

中国建筑工业出版社出版、发行（北京海淀三里河路9号）
各地新华书店、建筑书店经销
北京点击世代文化传媒有限公司制版
北京中科印刷有限公司印刷
＊

开本：787毫米×1092毫米　1/16　印张：13¾　字数：282千字
2023年8月第一版　2024年10月第二次印刷
定价：**68.00**元

ISBN 978-7-112-28680-5
（41132）

# 前　言

我国是地震多发的国家，准确预测构件或结构的弹塑性响应是实现性能化抗震设计的关键，借助数值模拟与计算机仿真技术，针对结构进行地震响应分析，在许多过去无法确定的工程问题获得定量解答的同时，节约了大量的设计时间，并降低了设计成本，这已经成为目前研究建筑工程结构地震响应及抗震性能中采用较广泛、较主要的手段之一。

本书是作者在建筑结构设计与实践过程中相关研究成果的总结，是对建筑结构弹塑性分析技术的系统梳理，力求为建筑结构设计贡献绵薄之力。

作者采用有限元软件，基于合理的材料弹塑性（损伤）本构关系模型，对建筑结构弹塑性分析技术进行了研究。本书的主要内容如下：

（1）选择了适合建筑结构弹塑性分析的钢材（钢筋）和混凝土的本构关系模型，并基于能量损失原理，获得了混凝土塑性损伤模型中受压损伤因子和受拉损伤因子的计算方法。

（2）基于 ABAQUS 软件的二次开发平台，开发了适用于弹塑性分析的混凝土材料塑性损伤本构关系模型的用户材料子程序，用户子程序的计算结果得到试验结果的验证。

（3）基于 Basic 语言，开发了三维整体结构弹塑性分析前处理软件 SAT2M，可方便地将工程中常用的 SATWE 模型转换为弹塑性分析 ABAQUS 模型，计算结果得到了验证，大大提高了整体结构弹塑性分析的工作效率。

（4）采用本书研究成果，对典型构件、节点（钢管混凝土构件、型钢混凝土构件、型钢 - 钢管混凝土构件、钢管混凝土叠合柱构件、钢筋混凝土剪力墙、矩形钢管混凝土 T 形节点）以及方钢管混凝土框架 - 钢筋混凝土核心筒振动台试验数据进行了验证，计算结果与试验结果吻合较好，较为充分地说明了本书研究成果的可靠性。

（5）建立了典型超高层框架（钢框架、钢筋混凝土框架、钢管混凝土框架）- 核心筒建筑结构的精细弹塑性分析模型，对其进行了罕遇地震作用下的弹塑性时程分析，获得了核心筒和楼板损伤发展过程、基底剪力时程曲线、顶点位移时程曲线和楼层位移角包络曲线以及地震作用下结构的能量反应规律，较为清晰地揭示了这类结构体系在罕遇地震作用下的弹塑性工作性能。

（6）结合相关实际工程，介绍了研究成果在实际工程上的应用，包括钢管混凝土叠合柱轴压性能深入研究、新型钢管混凝土节点、钢筋混凝土框架结构、超高层剪力墙结构和超高层框架 - 核心筒结构的工程实例，有关研究成果可为相关工程设计计算或加固改造提供参考。

本书分为 7 章，尧国皇撰写第 1 ~ 3 章和第 5 章、第 6 章，第 4 章由赵群昌和尧国皇共同撰写，第 7 章由尧国皇和孙明共同撰写，孙明对全书进行了校对，全书最后由尧国皇统一定稿。

本书的研究工作和出版得到中国博士后科学基金（20110490417）、深圳市市政设计研究院和清华大学合作研究项目、深圳市孔雀计划（"海工混凝土材料与结构性能机理研究"，RC2022-004）的资助。除此之外，深圳市双钻建筑工程设计咨询顾问有限公司对于本书成果的完善也给予了支持和帮助，特此致谢！

作者在建筑结构设计实践过程中得到了众多设计同仁的帮助和支持，他们是黄用军、赵群昌、孙素文、谭伟、宋宝东、潘东辉、刘相仁、叶成浩、彭肇才、李秀明、王文涛、施永芒、王丹华、周胜谦、张进军、李建新、林旭雯、刘伟峰、莫世海、陈勤、林松等，恕不能一一列举，与你们一起工作的时光，是快乐的，是难忘的。作者在本书相关技术研发过程中，得到了清华大学航天航空学院柳占立教授的帮助，特此感谢！

本书的完稿离不开相关领域专家学者的支持和鼓励，部分内容引用了国内外专家的研究成果，在此致以衷心的感谢，所列参考文献如有遗漏，在此由衷致歉。

最后特别感谢导师韩林海教授，在从事建筑结构的设计与研究过程中，一直得到他的关注和支持。

限于作者学识水平和阅历，书中难免存在不当或不足甚至谬误之处，作者怀着感激的心情期待着读者不吝给予批评指正。

尧国皇

2023 年 2 月于深圳

# 目　录

# 第1章 绪论

## 1.1 研究背景

地震是一种极其严重的自然灾害。历次地震震害表明，在各种意外灾害中，地震灾害往往对包括高层建筑在内的整个城市建筑产生巨大的影响：一方面，地震灾害造成建筑结构损伤从而导致财产损失；另一方面，建筑物的倒塌则往往直接导致人员伤亡。

我国是一个多地震国家，地震基本烈度 6 度及以上地区的面积占全部国土面积约 2/3 以上。在全国 660 个城市中，位于地震区的占 74.5%，约有一半城市位于基本烈度 7 度及以上地区。118 个百万以上人口的大城市中，有 85.7% 位于地震区，有近 2/3 位于基本烈度 7 度及以上地区。据统计，全国除少数省以外都发生过 6 级以上破坏性地震。仅 2008 年汶川地震就造成近 7 万人遇难、逾 37 万人受伤以及近 9000 亿元的直接经济损失。毋庸置疑，开展建筑结构的抗震性能研究是关系到国计民生的重要课题（江见鲸，2005）。

目前在建筑结构抗震性能研究中主要采用的手段有理论分析、试验研究及计算机仿真分析三种（陆新征等，2009；尚晓江，2008）。其中理论分析与试验研究历史悠久，在结构抗震研究及理论的诞生和发展过程中起了不可估量的作用。目前世界各国的结构设计规范中的设计公式基本都是在大量试验数据的基础上辅以理论分析而给出的，而且当遇到体型特殊、结构复杂的工程结构时，往往还要通过关键部位或整体结构的模型试验来验算设计理论，并改进设计方法。计算机仿真，又称计算机模拟，是从 20 世纪 60 年代开始随着计算机的发展而产生的新的科学研究方法。在建筑结构抗震领域中，最初的仿真技术主要是利用计算机求解一些难以给出解析表达的复杂方程，但是随着有限元理论以及近二三十年计算机硬件与软件技术的快速发展，出现了许多高性能的有限元计算软件和计算设备，有限元分析在结构工程领域中的作用也因此越来越突出。借助数值模拟与计算机仿真技术，针对结构进行地震响应分析，在使得许多过去无法确定的工程问题获得定量解答的同时，节约了大量的设计时间，并降低了设计成本，已经成为目前研究建筑工程结构地震响应及抗震性能中采用较广泛、较主要的手段之一。

对应于我国建筑结构抗震研究及设计中"三水准、两阶段"的基本思想与设计方法,工程应用领域中建筑结构在地震作用下的抗震性能分析可以简单划分为弹性分析与弹塑性分析。其中弹性分析主要应用于"两阶段"设计中的第一阶段(即"小震弹性承载力验算"),是指结构及其构件均假定处于弹性状态,结构构成材料应力与应变符合线弹性关系,并采用弹性计算分析方法研究结构在地震作用下的响应,获得建筑结构在多遇地震作用下的内力和变形。结构弹性地震响应分析内容主要包括振型分解反应谱分析以及弹性时程分析两种。其中反应谱法(加速度反应谱)是将影响地震作用大小和分布的各种因素通过加速度反应谱曲线予以综合反映,结构的地震响应是利用反应谱得到地震影响系数,继而得到作用于建筑物的拟静力水平地震作用,进而得到结构地震作用下的位移及内力包络值。弹性时程分析方法则是根据建筑物所在地区的基本烈度、设计分组的判断估计和建筑物所在场地的类别选取适当数量的比较适合的地震地面运动加速度记录时程曲线,通过时程积分求解运动方程,直接求出建筑结构在地震动全过程中的位移、速度、加速度和内力;弹塑性分析(又称弹塑性计算)则是指考虑到建筑结构材料实际应力、应变以及构件受力变形相关关系的非线性及塑性特征,采用能够正确反映上述非线性或弹塑性特征的材料本构关系抑或构件内力与变形的宏观非线性及弹塑性关系,进行结构地震作用下响应的全过程计算分析(尚晓江,2008)。

与弹性分析相比,结构地震响应的弹塑性分析中考虑了在实际的强震发生过程中,由于建筑材料的特性和延性结构设计思想,建筑结构,尤其是钢筋混凝土结构均会由弹性逐渐进入塑性状态的客观事实,被视为是掌握结构抗震性能、检验结构破坏机制、了解结构在大震作用下的抗震需求最为准确的方法。由于结构弹塑性分析能够提供其非线性反应的真实情况,它在计算模型中直接引入混凝土和钢的材料本构关系,考虑或模拟混凝土和钢材界面的力学行为,同时能够提供大量的结构反应信息,如应力、应变、反力、位移、能量等,全方位地跟踪结构受荷后变形、开裂、破坏全过程,因此对结构设计有重要的意义。虽然早在20世纪60年代初期,人们就对非线性分析进行了大量研究,并提出了各种计算方法,但非线性分析的实际应用却进展缓慢(陆新征等,2009;尚晓江,2008)。这是因为在结构分析模型、单元分析模型、恢复力模型、数值计算方法以及电子计算机技术方面均存在很多问题有待解决。

值得指出的是,为了适应现代社会对结构抗震性能的要求,抗震工程界提出了基于性能的抗震设计思想,并经过多年的发展与完善,已逐步成为结构抗震设计方法的一种发展趋势。我国2010年颁布执行的《建筑抗震设计规范》GB 50011-2010以及《高层建筑混凝土结构技术规程》JGJ 3-2010也首次明确给出了在我国建筑结构设计中基于性能的抗震设计方法与规定。与现有常规方法相比，基于性能的抗震设计方法实际上是对多级抗震设防思想的全面深化、细化、具体化和个性化，其设计目标不仅是为了保证生命安全，同时也要控制结构的破坏程度，使得各种损失控制在可以接受的范围内。显然，为了实现上述设计目标，传统线弹性分析已无法满足需要，必须采用弹塑性分析手段才能给出结构破坏程度和变形性能的合理判据。

现行的相关结构设计规范也提出了结构动力弹塑性分析要求，如《建筑抗震设计规范》GB 50011-2010 第 5.5.2 条规定：①甲类建筑和 9 度时乙类建筑中的钢筋混凝土结构和钢结构、高度大于 150m 的结构应进行弹塑性变形验算；② 8 度Ⅲ类、Ⅳ类场地和 9 度时高大的单层钢筋混凝土柱厂房的横向排架。《高层建筑混凝土结构技术规程》JGJ 3-2010 第 5.1.13 条规定：B 级高度的高层建筑结构和带转换层高层建筑结构、带加强层高层建筑结构、错层结构、连体结构、多塔楼结构宜采用弹塑性静力或动力分析方法验算薄弱层弹塑性变形。《高层民用建筑钢结构技术规程》JGJ 99-2015 第 6.1.1 条规定：罕遇地震作用下，高层民用建筑钢结构的弹塑性变形可采用弹塑性时程分析法或静力弹塑性分析法计算，因此研究超高层建筑结构的弹塑性分析技术有着十分重要的工程意义。

综上所述，随着经济及社会的发展，人们对建筑抗震的要求除了基本的生命安全外，还对地震期间建筑的使用功能提出了更高的要求。采用弹塑性仿真分析技术，给出建筑结构在强烈地震作用下的弹塑性响应的定量解答，对掌握建筑结构发生地震灾变的全过程、探究结构抗震性能及其破坏的内在规律，保证基于性能的抗震设计思想和要求的切实实现，减轻地震灾害对经济及社会的冲击，已经成为结构抗震研究及工程设计人员的迫切需要。

## 1.2 弹塑性分析方法

弹塑性分析包括静力弹塑性和动力弹塑性分析，本书提到的静力弹塑性分析是针对复杂构件和复杂节点的弹塑性分析，主要分析构件和节点的弹塑性工作状态，分析组成构件各部件的变形及应力分布情况，为结构的细部设计提供技术支持。

本书提到的动力弹塑性分析即弹塑性动力时程分析，是针对整体结构层面的。弹塑性动力时程分析是进行结构非线性地震反应分析比较完善的方法。这种方法可以准确模拟结构高振型的影响，能够自动地对多向地震输入的效应进行叠加及组合。动力弹塑性时程分析方法直接模拟结构在地震作用下的非线性反应，将结构作为弹塑性振动体系加以分析，直接按照地震波输入地面运动，通过积分运算，求得在地面加速度随时间变化期间内结构的内力和变形随时间变化的全过程。将强震记录下来的某水平分量加速度 – 时间曲线划分为很小的时段，然后依次对各个时段通过振动方程进行直接积分，从而求出体系在各时刻的位移、速度和加速度，进而计算结构在地震波输入的各个时刻的动力响应。

结构整体的刚度矩阵、阻尼矩阵和质量矩阵通过每个构件所赋予的单元和材料类型组装而成。动力弹塑性分析中对于材料方面的考虑包括：在往复循环加载下，混凝土及钢材的滞回性能、混凝土从出现开裂直至完全压碎退出工作全过程中的刚度退化、混凝土拉压循环中强度恢复等大量非线性问题。

弹塑性时程分析模型建模主要分两个方面：几何模拟和材料模拟。几何模拟主要考虑弹塑性模型在弹性阶段和弹性模型具有几何上的一致性，同时弹塑性模型能模拟几何非线性，如二阶效应等问题；材料模拟则除了保证弹塑性模型在弹性阶段的性能表现要与弹性模型保持一致外，还需要模拟进入弹塑性阶段后结构的性能，具体如下：

（1）几何非线性：结构的动力平衡方程建立在结构变形后的几何状态上，结构"$P\text{-}\Delta$"效应、大变形效应等都被考虑。

（2）材料非线性：直接应用材料本构关系，真实反映材料在反复地震作用下的受力与损伤情况，可以有效模拟构件的弹塑性发生、发展以及破坏的全过程。

（3）动力方程积分方法：直接将地震波输入计算模型进行弹塑性时程分析，可以较好地反映在不同相位差情况下构件的内力反应和楼板、剪力墙等构件在往复荷载作用下的拉压受力状态。

动力弹塑性时程分析方法既考虑了地面振动的振幅、频率和持续时间三要素，又考虑了结构的动力特性，因此可以真实反映各个时刻地震作用引起的结构响应，包括变形、应力、损伤等。由于计算中是通过定义材料的本构关系来考虑结构的弹塑性性能，可以准确模拟任何结构，计算模型简化较少，该方法是目前在工程领域应用日益广泛的一种先进的计算方法。弹塑性时程分析方法主要问题是计算量大，但随着计算机能力的不断增强，该方法将成为一个结构抗震性能分析中经常使用的方法。

## 1.3 ABAQUS 软件介绍

ABAQUS 是一套功能强大的工程模拟有限元软件，是目前广泛应用在结构弹塑性分析领域中的主要计算工具之一，也是本书进行建筑结构弹塑性分析选定的分析软件。ABAQUS 公司成立于 1978 年，其主要业务为世界上最著名的非线性有限元分析软件 ABAQUS 的开发、维护及售后服务。2005 年 5 月，前 ABAQUS 软件公司与世界知名的在产品生命周期管理软件方面拥有先进技术的法国达索集团合并，共同开发新一代的模拟真实世界的仿真技术平台 SIMULIA。SIMULIA 不断吸取最新的分析理论和计算机技术，领导着全世界非线性有限元技术和仿真数据管理系统的发展（Hibbitt，2007）。

ABAQUS 是一套功能强大的工程模拟的有限元软件，其解决问题的范围从相对简单的线性分析到许多复杂的非线性问题。ABAQUS 包括一个丰富的、可模拟任意几何形状的单元库。拥有各种类型的材料模型库，可以模拟典型工程材料的性能，其中包括金属、橡胶、高分子材料、复合材料、钢筋混凝土、可压缩超弹性泡沫材料以及土壤和岩石等地质材料。作为通用的模拟工具，ABAQUS 除了能解决大量结构（应力 / 位移）问题，还可以模拟其他工程领域的许多问题，例如热传导、质量扩散、热电耦合分析、声学分析、岩土力学分析（流体渗透 / 应力耦合分析）及压电介质分析（石亦平，周玉蓉，2006）。目前，在国际、国内市场上被认可的通用有限元分析软件主要包括：美国 HKS 公司的 ABAQUS；美国 MSC 公司的 MSC.PATRAN、MSC.NASTRAN、MSC.MARC；美国 ANSYS 公司的 ANSYS；美国 LSTC 公司的 LS-DYNA；美国 ADINA 公司的 ADINA 和美国 EDS 公司的 I-DEAS。

这些软件分别有各自的特点，在行业内一般将其分为线性分析软件、一般非线性分析软件和显式高度非线性分析软件。例如，NASTRAN、ANSYS 等在线性分析方面具有自己的优势，而 ABAQUS、MARC、ADINA 则在非线性分析方面各具特点，其中 ABAQUS 是国际上公认的最优秀的非线性分析软件。ABAQUS/Explicit、LS-DYNA、PAM-CRASH 和 MSC.DYTRAN 是显式高度非线性分析软件的代表，而 MSC.DYTRAN 则在流固耦合分析方面见长，在汽车缓冲气囊和国防领域应用广泛。

表 1.1 ~ 表 1.3 简略介绍了一些国内外比较著名的有限元分析软件的特点（√表示该软件具备此项功能）。如果分析对象是接触、大变形或非线性材料（例如橡胶、土体）等复杂问题，建议预先考虑选择 ABAQUS 作为分析软件。

各种有限元软件基本介绍（石亦平和周玉蓉，2006） 表 1.1

| 软件名称 | 开发单位 | 编程语言（程序规模） |
|---|---|---|
| ABAQUS | Hilbitt，Kalson，and Sorensen 公司（美国） | FORTRAN77（140000 行） |
| ANSYS | Swanson Analysis System（美国） | FORTRAN77（150000 行） |
| ADINA | ADINA 工程公司（美国） | FORTRAN（150000 行） |
| MARC | MARC 公司（美国） | FORTRAN4/FOR66/FOR77（100000 行） |
| NASTRAN | NASA（美国）主持，MSC 公司（美国）开发 | FORTRAN4/Assembler（600000 行） |
| ASKA | 斯图加特大学静动力学研究所（德国） | FORTRAN4（600000 行） |
| LARSTRAN80 | 斯图加特大学静动力学研究所（德国） | FORTRAN4/FORTRAN77（200000 行） |
| HAJIF 系列 | 原航空部（中国） | FORTRAN4（280000 行） |

各种有限元软件的应用领域（石亦平和周玉蓉，2006） 表 1.2

| 软件名称 | ABAQUS | ANSYS | ADINA | MARC | NASTRAN | ASKA | LARSTRAN 80 | HAJIF 系列 |
|---|---|---|---|---|---|---|---|---|
| 线性静力分析 | √ | √ | √ | √ | √ | √ | √ | √ |
| 固有振动分析 | √ | √ | √ | √ | √ | √ | √ | √ |
| 屈曲分析 | √ | √ | √ | √ | √ | √ | √ | √ |
| 非线性静力分析 | √ | √ | √ | √ | √ |  | √ | √ |
| 后屈曲分析 | √ | √ | √ | √ | √ |  |  |  |
| 非线性接触分析 | √ | √ | √ | √ | √ | √ |  |  |
| 非线性振动分析 | √ | √ | √ | √ | √ |  | √ | √ |
| 非线性瞬态响应分析 | √ | √ | √ | √ | √ |  | √ | √ |
| 波的传播分析 |  | √ | √ |  |  |  |  |  |
| 流体与结构耦合分析 | √ | √ | √ | √ | √ |  |  |  |
| 热与机械耦合分析 | √ |  | √ | √ | √ |  |  |  |
| 黏塑性分析 | √ |  | √ | √ | √ | √ | √ |  |
| 动力黏塑性分析 | √ |  | √ | √ | √ |  | √ |  |

各种有限元软件的荷载计算功能（石亦平和周玉蓉，2006） 表 1.3

| 软件名称 | ABAQUS | ANSYS | ADINA | MARC | NASTRAN | ASKA | LARSTRAN 80 | HAJIF 系列 |
|---|---|---|---|---|---|---|---|---|
| 集中荷载 | √ | √ | √ | √ | √ | √ | √ | √ |
| 线荷载 | √ | √ | √ | √ | √ | √ | √ | √ |
| 对称荷载 | √ | √ | √ | √ | √ | √ | √ | √ |
| 面荷载 | √ | √ | √ | √ | √ | √ | √ | √ |
| 体积荷载 | √ | √ | √ | √ | √ | √ | √ | √ |
| 重力荷载 | √ | √ | √ | √ | √ | √ | √ | √ |
| 初始变形 | √ | √ | √ | √ | √ | √ | √ | √ |
| 热荷载 | √ | √ | √ | √ | √ | √ | √ | √ |
| 离心荷载 | √ | √ | √ | √ | √ | √ | √ |  |
| 跟随力（活载） | √ | √ | √ | √ | √ |  | √ |  |
| 循环荷载 | √ | √ | √ | √ | √ | √ | √ |  |
| 随机荷载 |  | √ |  |  | √ | √ |  | √ |
| 陀螺荷载 | √ |  | √ | √ | √ |  |  |  |
| 非比例荷载 | √ | √ | √ | √ | √ | √ | √ |  |
| 瞬态冲击荷载 |  |  |  |  | √ |  |  | √ |
| 接触荷载 | √ | √ | √ | √ | √ | √ | √ |  |

有限元软件的材料模式计算功能（石亦平和周玉蓉，2006） 表 1.4

| 软件名称 | ABAQUS | ANSYS | ADINA | MARC | NASTRAN | ASKA | LARSTRAN 80 | HAJIF 系列 |
|---|---|---|---|---|---|---|---|---|
| 各向同性 | √ | √ | √ | √ | √ | √ | √ | √ |
| 正交各向异性 | √ | √ | √ | √ | √ | √ | √ | √ |
| 多层材料 | √ | √ | √ | √ | √ | √ | √ | |
| 非均质材料 | √ | √ | √ | √ | √ | | √ | |
| 热弹性 | √ | √ | √ | √ | √ | √ | √ | √ |
| 热塑性 | √ | √ | √ | | √ | | √ | |
| 线弹性 | √ | √ | √ | √ | √ | √ | √ | √ |
| 非线性弹性 | √ | √ | √ | √ | √ | √ | √ | √ |
| 弹塑性 | √ | √ | √ | √ | √ | √ | √ | |
| 弹性应力硬化 | √ | √ | √ | √ | √ | √ | √ | √ |
| 黏弹性 | √ | √ | | √ | √ | | | |
| 黏塑性 | √ | √ | √ | | √ | | √ | |
| 高温蠕变 | √ | √ | √ | √ | √ | √ | | |

　　ABAQUS 为用户提供了广泛的功能，且使用非常简单。大量的复杂问题可以通过选项块的不同组合很容易模拟出来。例如，对于复杂多构件问题的模拟是通过把定义每一构件的几何尺寸的选项块与相应的材料性质选项块结合起来。在大部分模拟中，甚至高度非线性问题，用户只需提供一些工程数据，像结构的几何形状、材料性质、边界条件及荷载工况。在一个非线性分析中，ABAQUS 能自动选择相应荷载增量和收敛限度。它不仅能够选择合适参数，而且能连续调节参数，以保证在分析过程中有效地得到精确解。用户通过准确定义参数就能很好地控制数值计算结果。

## 1.4　本书研究的必要性

　　近年来，随着我国社会、经济的高速发展，体型复杂、高度不断攀升的建筑结构层出不穷，其中有相当一部分建筑结构在高度以及规则性等方面均存在显著超出规范适用范围的情况，大量复杂的结构构件和节点不断出现，现行的规范往往没有提供这些非常规构件或节点的计算方法，也无法对这些非常规构件或节点进行弹塑性验算，因此研究复杂构件或节点的弹塑性分析技术十分必要。

　　对于整体结构，采用基于性能的抗震设计方法在适应我国城市建设以及各类复杂结构形式高层建筑结构设计中发挥了关键作用。

　　以往，我国的相关研究者进行过大量针对某一特定的实际工程的超高层建筑结构的振动台试验研究，如：

李国强等（1999）进行了一个缩尺为 1∶20 的高层建筑钢 - 混凝土混合结构模型的振动台试验，以考察混合结构体系的抗震性能、地震反应和破坏特征，试图为这类结构的抗震计算模型、抗震计算方法、抗震设计准则和抗震设计构造要求提供试验依据。

李检保等（2002）进行北京 LG 大厦东塔结构 1∶20 的整体缩尺模型的振动台试验，模型总高度 7.325m（含底座）。模型试验选定了三条地震波：①北京人工地震波；② EI-Centro 波；③ Taft 波。通过振动台试验研究了结构在 8 度多遇地震、基本烈度、罕遇地震作用下的动力响应。

龚治国等（2003）进行了上海世贸广场结构 1∶35 的整体缩尺模型的振动台试验研究，试验研究结果表明，在 7 度罕遇地震作用下，塔楼及裙房框架柱明显开裂，局部混凝土压碎、剥落，裂缝贯穿，裙房出现屋面整体倒塌，但主体结构无倒塌趋势。

吕西林等（2004）进行了上海环球中心结构 1∶50 的整体缩尺模型的振动台试验研究，该工程地下 3 层，地上 101 层，地面以上高度 492m，依次对结构输入 7 度多遇地震、7 度基本烈度地震、7 度罕遇地震和 8 度罕遇地震的地震波。8 度罕遇地震波输入结束后，巨型柱局部楼层混凝土大片压碎，柱内钢筋外鼓，部分楼层钢柱压曲，但未出现大片倒塌现象。

曹万林等（2006）进行了一个 8 层 1∶10 的核心筒部分悬挂结构振动台试验研究，结构底部采用框架 - 核心筒结构，上部采用核心筒悬挂结构，通过振动台试验研究这类结构的地震响应。

董慧君等（2007）对北京新保利大厦（高层钢框架 - 钢筋混凝土核心筒混合结构）进行了 1∶20 缩尺结构模型模拟地震振动台试验研究。通过试验结果分析了模型结构的动力特性和不同强度模拟地震作用下模型结构的加速度、位移和应变反应，对结构特殊部位的地震反应进行了分析，最后对结构整体抗震性能进行了评价。

周春等（2009）进行上海招商银行大厦结构 1∶25 缩尺模型的模拟振动台试验，试验结果表明：上海招商银行大厦的南塔楼、北塔楼结构均可以满足三水准抗震设防要求，此外振动台试验还证实了连桥钢桁架与混凝土筒体连接节点是连桥结构的薄弱部位。

以上的振动台试验研究为了解某一实际工程项目结构的弹塑性性能起到了良好的作用，但振动台试验结果与理论计算结果的比较研究的报道尚少见。我国相关研究者对复杂建筑结构的实际工程的弹塑性分析进行了较多的研究报道，但基本只给出了计算分析结果，缺乏理论依据和系统的试验验证。目前，国内的相关研究还少见从本构关系、构件、节点到整体结构弹塑性分析成套技术的研究报道，因此进行本书研究是有必要的。

## 1.5　本书研究的目的和意义

准确预测复杂构件、节点以及整体结构在罕遇地震作用下的弹塑性响应是实现性能化抗震设计的关键，可利用非线性动力时程分析所得结果作为大震作用下的结构抗震性能评价的依据。通过弹塑性分析，有以下目的：

（1）通过对复杂构件或节点的弹塑性分析，可以揭示构件或节点的弹塑性工作性能，及各部件的应力分布和变形状态，获得构件或节点的极限承载力，为复杂构件或节点的设计提供可靠的技术支持。

（2）对整体结构在罕遇地震作用下的非线性性能给出定量解答，研究结构在罕遇地震作用下的变形形态、构件的塑性及其损伤情况，以及整体结构的弹塑性行为。

（3）给出整体结构的塑性发展过程，描述各构件出现塑性的先后次序，分析结构的屈服机制，并对其合理性作出评价。

（4）检验整体结构中楼层框架梁、板、柱在罕遇地震作用下进入塑性状态的情况，混凝土的损伤和钢筋塑性发展的情况。

（5）论证整体结构在罕遇地震作用下的抗震性能，寻找结构的薄弱层或（和）薄弱部位；对结构抗震性能给出评价，并对结构设计提出改进意见和建议。

作为基于性能的抗震设计的最重要基础与技术保障——结构弹塑性分析为工程界逐步接受与应用。进行建筑结构的弹塑性分析也可以部分代替构件、节点试验和振动台试验，节省试验费用和设计时间成本，具有一定的经济效益。

## 1.6　本书主要研究内容

本书基于通用有限元软件 ABAQUS，进行了以下几个方面的研究工作：

（1）选择了适合建筑结构弹塑性分析的钢材（钢筋）和混凝土的本构关系模型，并基于能量损失原理，获得了混凝土塑性损伤模型中受压损伤因子和受拉损伤因子的计算方法。

（2）基于 ABAQUS 软件的二次开发平台，开发了适用于弹塑性分析的混凝土材料塑性损伤本构关系模型的用户材料子程序，用户子程序的计算结果得到试验结果的验证。

（3）基于 Basic 语言，开发了三维整体结构弹塑性分析前处理软件 SAT2M，可方便将工程中常用的 SATWE 模型转换为弹塑性分析 ABAQUS 模型，计算结果得到了验证，大大提高了整体结构弹塑性分析的工作效率。

（4）采用本书研究成果，对典型构件、节点（钢管混凝土构件、型钢混凝土构件、型钢 - 钢管混凝土构件、钢管混凝土叠合柱构件、钢筋混凝土剪力墙、矩形钢管混凝土 T 形节点等）以及方钢管混凝土框架 - 钢筋混凝土核心筒振动台试验数据进行了验证，计算结果与试验结果吻合较好，较为充分地说明了本书研究成果的可靠性。

（5）建立了典型超高层框架（钢框架、钢筋混凝土框架、钢管混凝土框架）- 核心筒建筑结构的精细弹塑性分析模型，对其进行了罕遇地震作用下的弹塑性时程分析，获得了核心筒和楼板损伤发展过程、基底剪力时程曲线、顶点位移时程曲线和楼层位移角包络曲线以及地震作用下结构的能量反应规律，较为清晰地揭示这类结构体系在罕遇地震作用下的弹塑性工作性能。

（6）结合实际工程，介绍了研究成果在实际工程上的一些应用，包括钢管混凝土叠合柱、新型钢管混凝土节点、复杂钢 - 混凝土组合柱脚节点、钢筋混凝土框架、超高层剪力墙结构和超高层钢管混凝土框架 - 核心筒结构等工程实例，有关成果可为相关工程设计计算提供参考。

# 第 2 章　材料本构关系模型

材料的本构关系模型是进行结构动力弹塑性分析的基础，以下基于 ABAQUS 软件，选择适用于该通用有限元软件建筑结构弹塑性分析计算时采用的钢材和混凝土的本构关系模型。

## 2.1　钢材的本构关系模型

ABAQUS 软件中提供了典型的金属塑性模型，其特点如下（Hibbitt，2007）：

（1）使用 Mises 屈服面和 Hill 屈服面相关的塑性流动分别描述各向同性和各向异性材料的屈服。

（2）能应用于碰撞分析、金属成型分析和一般的倒塌分析。

在 ABAQUS/Explicit 模块中，可以使用 shear failure 关键词考虑简单的延性的动力破坏；在 ABAQUS/Explicit 模块中，可以使用 tensile failure 关键词考虑拉伸破坏；一般建筑使用的钢材均采用 ABAQUS 软件中提供等向弹塑性模型，满足 Von Mises 屈服准则，这种模型多用于模拟金属材料的弹塑性性能。

该模型采用任意多个点来逼近实际的材料行为，因此，就非常接近真实的材料行为。塑性数据将材料的真实屈服应力定义为真实塑性应变（温度或场变量）的函数。对于往复荷载作用，软件中提供了两种随动强化模型：线性随动强化模型和非线性随动强化模型。本书在进行建筑结构的弹塑性分析时采用了线性随动强化模型。下面简要介绍一下线性随动强化模型的主要特性（Hibbitt，2007）。

（1）屈服面

除有空隙的金属外，线性随动强化模型适用于大部分金属在往复荷载作用下的模拟。线性随动强化模型可以使用 Mises 屈服面和 Hill 屈服面。

（2）流动准则

随动强化模型采用相关联的流动准则。

（3）硬化

线性随动强化模型具有恒定的硬化模量，其通过后继应力（$\alpha$）来描述应力空间的屈服面的移动。当不考虑温度时，演化法则是线性的 Ziegler 硬化准则。

（4）包辛格效应

线性随动强化模型考虑了连续往复荷载引起的包辛格效应。

## 2.2 混凝土的本构关系模型

混凝土作为一种应用最广的建筑材料之一，其本质特点是材料组成的不均匀性，且存在天生的微裂缝（陈惠发，2001a；陈惠发，2001b；过镇海，1997；董毓利，1997；江见鲸，1994；江见鲸等，2003；吕西林等，1997；沈聚敏等，1993；Sun 等，2022a；Sun 等，2022b；Sun 等，2023），由此决定了其特征工作机理是：微裂缝发展、运行，从而构成较大的宏观裂缝，宏观裂缝又发展，最终导致结构中混凝土的破坏。混凝土这种工作机理决定了其工作性能的复杂性。ABAQUS 软件提供了三种混凝土的本构关系模型：混凝土塑性断裂模型、混凝土弥散裂缝模型和混凝土塑性损伤模型。

在进行结构弹塑性分析时，除脆性断裂模型中因假定混凝土受压始终处于弹性状态与混凝土多处于受压塑性的实际不符而基本不采用外，弥散开裂塑性模型和塑性损伤模型根据分析问题的不同均有采用。混凝土弥散裂缝塑性模型适合于描述混凝土单向受力的弹塑性行为，而对于混凝土受往复荷载作用下的情况具有一定的局限性。这是因为，当混凝土在受压塑性状态下卸载时，该本构模型中卸载模量与弹性初始模量相同的假定，难以反映当压应力水平较高后混凝土内部出现微裂缝而导致模量降低的客观现象。混凝土塑性损伤模型具有较好的收敛性，以下简要介绍这种混凝土本构关系模型特点和有关参数的确定方法。

### 2.2.1 混凝土塑性损伤模型

塑性损伤混凝土本构模型是一个基于塑性的连续介质损伤模型，它假定混凝土材料的两个主要失效机制是拉伸开裂和压缩破碎。屈服面的演化通过两个硬化变量来控制：$\tilde{\varepsilon}_t^{pl}$ 和 $\tilde{\varepsilon}_c^{pl}$，这两个变量分别和拉伸压缩时的失效机制相联系，分别称为拉伸等效塑性应变和压缩等效塑性应变。与弥散裂纹混凝土本构模型相比，塑性损伤模型具有一定的优越性，主要是在循环加载和动态加载时有较好的收敛性，以下简要介绍混凝土塑性损伤模型的主要特征（Kupfer 等，1969；Lubliner 等，1989；Lee 和 Fenves，1998）。

1. 拉伸时的软化和拉伸卸载时的刚度衰减

图 2.1 给出了混凝土塑性损伤模型单轴受拉曲线。如图 2.1 所示，混凝土在达到屈服应力 $\sigma_{t0}$ 后，随着应变的进一步增加，应力反而降低，这称为混凝土的拉伸软化

现象。出现软化的机制，就是拉伸开裂。在混凝土屈服以后卸载，会发现虽然卸载是弹性的，但卸载并不是按初始刚度 $E_0$ 进行的，而是按照一个有所衰减的刚度（$1-d_t$）$E_0$ 进行的，其中，$d_t$ 反映了刚度衰减的量级，称为拉伸衰减系数。拉伸衰减系数 $d_t$ 与等效塑性应变 $\tilde{\varepsilon}_t^{pl}$ 有关，可以用试验或提出某些理论来刻画具体的函数关系。

2. 压缩时的强化、软化和压缩卸载时的刚度衰减

图 2.2 给出了混凝土塑性损伤模型单轴受压曲线。如图 2.2 所示，压缩时具有和拉伸时同样的软化和卸载的刚度衰减现象，这时的刚度衰减机制是压缩破碎。与拉伸时类似，也有压缩等效塑性应变 $\tilde{\varepsilon}_c^{pl}$ 和压缩损伤系数 $d_c$。与拉伸时不同的是，在压缩工况下，达到屈服后，混凝土并不是立即软化，而是会经历一个先强化后软化的过程。因此，压缩时的屈服应力 $\sigma_{c0}$ 和极限应力 $\sigma_{cu}$ 是不相等的。

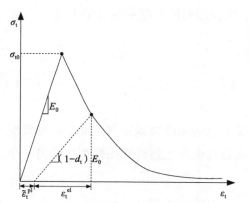

图 2.1　混凝土塑性损伤模型单轴受拉曲线

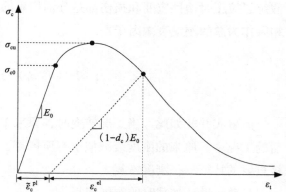

图 2.2　混凝土塑性损伤模型单轴受压曲线

要准确定义塑性损伤模型中的混凝土受压行为，还需要确定如下的一些参数（Hibbitt，2007；尧国皇等，2009）：

（1）$p$-$q$ 平面中高围压情况下的膨胀角 $\Psi$：其值在 15° ~ 56.3°。

（2）塑性势能方程的流动偏角 $\in$，缺省值为 0.1，表明材料在很大的围压范围内，膨胀角几乎不变，增加 $\in$ 值，流动势曲率更大，这意味着随着围压的降低，膨胀角迅速增加，在低围压下，若 $\in$ 值小很多，可能导致计算收敛困难。

（3）双轴等压时混凝土的强度与单轴抗压强度之比 $\sigma_{b0}/\sigma_{c0}$，缺省值为 1.16。

（4）拉 $q_{(TM)}$、压子午线 $q_{(CM)}$ 上第二应力不变量的比值 $K_c$，试验结果表明，对于混凝土 $K_c$ 可以近似为一常数（Lubliner 等，1989），其缺省值为 2/3。

（5）黏塑性系统松弛时间的黏性系数 $\mu$，在隐式分析程序中（如 ABAQUS/Standard），材料出现软化和刚度弱化时计算难以收敛，在本构方程中采用黏塑性规则化可以部分解决这个问题。在 ABAQUS/Standard 中，黏性系数 $\mu$ 的缺省值为 0。

因为塑性流动的非相关性，导致材料刚度矩阵的不对称，为得到收敛的计算结果，应采用非对称矩阵的解法。

3. 受压损伤系数和受拉损伤系数

混凝土的塑性损伤模型中，对于拉压情况分别采用两个塑性应变 $\tilde{\varepsilon}_t^{pl}$、$\tilde{\varepsilon}_c^{pl}$ 和相应的两个损伤系数 $d_t$、$d_c$，拉压时的塑性和损伤积累是独立的：拉伸工况时只产生拉伸塑性应变和拉伸损伤；压缩时只产生压缩塑性应变和压缩损伤；而相应的损伤也只和相应的塑性应变有关。拉压工况并不是完全互不影响的，如在循环加载情况下就可以表现出刚度恢复现象。

在循环加载过程中，当加载状态从拉到压转变时，可以合理地设想，若拉伸工况时发生了塑性应变（也就是材料有了破坏，具体对拉伸而言就是拉伸开裂），进入压缩工况时，原来积累的塑性应变肯定会对压缩时的行为产生影响。塑性损伤模型中，假定了拉压时塑性应变和损伤都是分别积累的，将拉压时的刚度衰减因子 $1-d_t$ 和 $1-d_c$ 相乘作为总的刚度衰减因子：

$$1-d = (1-d_t)(1-d_c) \tag{2.1}$$

但事实并非如此，当工况转变时，原来工况造成的刚度衰减没有全部延续到转变后的工况中，原来的刚度衰减似乎有所恢复，这就是混凝土塑性损伤模型中的另一个极重要的特征——刚度恢复。

4. 单轴循环加载时的刚度恢复

为了既能描述循环荷载时拉压的互相影响，又能考虑到刚度恢复的现象，混凝土塑性损伤模型将式（2.1）修正为：

$$1-d = (1-s_c d_t)(1-s_t d_c) \tag{2.2}$$

其中，

$$
\begin{aligned}
s_c &= 1-w_t r^*(\sigma_{11}) \\
s_t &= 1-w_c[1-r^*(\sigma_{11})] \\
r^*(\sigma_{11}) &= \begin{cases} 1, & if\ \sigma_{11} > 0 \\ 0, & if\ \sigma_{11} < 0 \end{cases}
\end{aligned}
\tag{2.3}
$$

式（2.3）中的函数 $r^*(\sigma_{11})$ 是用来标志拉压状态的，将式（2.3）代入式（2.2）可以得到拉压时的具体表达式：

受拉情况：

$$1-d = (1-d_t) [1-(1-w_t) d_c] \tag{2.4}$$

受压情况：

$$1-d = [1-(1-w_c) d_t] (1-d_c) \tag{2.5}$$

以从拉到压转变为例，此时，刚度衰减系数遵循式（2.5），从该式可以看出，$w_c$ 越大，则拉伸时的刚度衰减对压缩的影响越小；反之，也是如此。当 $w_c = 0$ 时，式（2.5）就退化为式（2.1），此时，拉伸时的刚度衰减对压缩有百分之百的影响，也就是刚度衰减完全没有恢复；当 $w_c = 1$ 时，$1-d = 1-d_c$，拉伸时的刚度衰减对压缩完全没有影响，也就是刚度衰减完全恢复。可见，$w_c$ 是描述刚度恢复程度的一个量，称为压缩恢复系数。同理，对式（2.4）进行分析，$w_t$ 也称为拉伸恢复系数。

如图 2.3 所示，曲线 OAC 代表单向受拉的应力 - 应变曲线，曲线 OLK 代表单向受压的应力 - 应变曲线，曲线 OABDEFHIJ 代表单轴往返荷载作用下的应变 - 应变曲线。直线 OA 段是单轴受拉的弹性阶段，当应变增大并超过 A 点所对应的应变时，混凝土受拉屈服，并进入受拉塑性区；当应变增量为负时，混凝土进入受拉卸载阶段，其应力 - 应变关系曲线近似视为直线，其斜率与混凝土在 B 点的损伤程度相关，而受拉损伤程度（$d_t$）与 B 点的应变相关，混凝土受拉塑性应变越大，混凝土受拉损伤程度越大，其卸载时的刚度越小，这一点与我们的概念分析及试验结果是一致的。另外，在卸载直线范围之内，若应变增量为正，则应力与应变值所构成的相点沿曲线 DBC 移动。

当相点越过 D 点进入受压状态时，混凝土受压时的刚度可以得到一定的恢复。当应变增量继续为负时，相点沿弹性压缩曲线 DE 运动，当应变小于 E 点所对应的应变时，混凝土受压屈服，进入受压塑性状态。此时，若应变增量为正，混凝土进入受压卸载阶段，相点沿 FH 直线段运动，其斜率与混凝土在 F 点的受压损伤程度（$d_c$）相关。当应变增量继续为正时，相点穿过 H 点进入受拉状态，并沿直线 HI 运动，此直线的斜率不断变小，不但与受拉损伤程度有关，还与受压损伤程度相关。当应变增量继续为正时，混凝土越过 I 点再次屈服进入受拉塑性状态。在上述过程中，值得指出的是，由于地震作用的随机性，相点随时可能作反向运动，随着地震作用的不断输入，混凝土的受压损伤和受拉损伤程度是不断增加的。

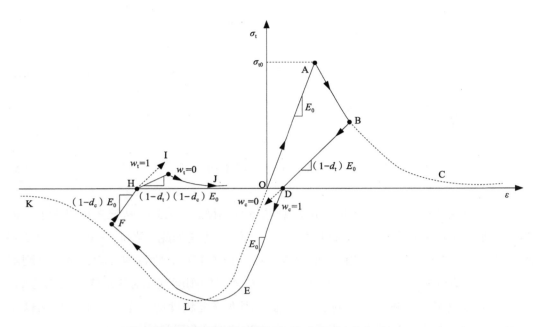

**图 2.3　混凝土塑性损伤模型单轴循环加载时的刚度恢复（Hibbitt，2007）**

在实际情况中，拉压恢复系数的取值一般为 $w_c=1$、$w_t=0$，也即从拉到压，刚度完全恢复；从压到拉，刚度完全不恢复，如图 2.3 所示。图 2.3 显示了混凝土塑性损伤模型中单轴循环加载时的刚度恢复现象。其中，虚线部分是拉压单调加载时的应力 - 应变曲线。由于 $w_c=1$，从拉到压时，刚度完全恢复，压缩弹性阶段弹性模量等于初始弹性模量；$w_t=0$，从压到拉时，刚度完全不恢复，此时的刚度既小于压缩时的刚度，也小于上次拉伸时的刚度，因为此时的刚度衰减系数是此前拉压时刚度衰减系数的乘积。

## 2.2.2　塑性损伤因子的计算

以往有关学者对混凝土塑性损伤模型进行了相关研究，如方秦等（2007）简要介绍了混凝土塑性损伤模型，并与 Kupfer 等典型的试验数据进行比较分析，分析了该模型对模拟混凝土材料受力性能的适用性；雷拓等（2008）通过一钢筋混凝土简支梁实例，分析了塑性损伤模型中膨胀角、受拉硬化等参数对计算结果的影响规律；张劲等（2008）结合《混凝土结构设计规范》GB 50010-2010 进行了塑性损伤模型的相关参数验证。以上研究为本研究创造了良好的条件，但是对损伤模型中损失因子以及损伤因子与混凝土材料的应力、应变发展之间的关系的研究还不够深入，本书参考王中强和余志武（2004）的研究方法，基于能量损失原理，编制相关的计算程序，获得了《混凝土结构设计规范》GB 50010-2010 提供的混凝土受压和受拉应力 - 应变关系曲线对应的混凝土损伤因子。

1. 基于能量损失的损伤因子计算方法

损伤是指在冶炼、冷热加工工艺过程中或在荷载、温度、环境等的作用下，材料的微细结构发生了变化，从而引起微缺陷成胚、孕育、扩展和汇合，导致材料宏观力学性能劣化，最终形成宏观开裂或材料破坏的一种现象。损伤力学引入一种内部状态变量即损伤变量 $D$ 来描述含微细观缺陷材料的力学效应，以便更好地预测工程材料的变形、破坏和使用寿命。由于引起损伤的因素相当复杂，人们提出了各种各样的分析方法。经典损伤理论从材料退化角度出发，将损伤因子定义为：

$$D=\left(A-A_{\mathrm{c}}\right)/A \tag{2.6}$$

式（2.6）中，$A$ 为体积元的原面积，$A_{\mathrm{c}}$ 为材料受损后体积元的有效面积，$D=0$ 对应于体积元无损状态，$D=1$ 对应于体积元完全破坏状态。王中强和余志武（2004）在 Najar 损伤理论的基础上，基于能量损失的方法定义混凝土损伤模型的损伤因子的计算方法如下（王中强和余志武，2004）：

$$D=1-W_{\varepsilon}/W_0 \tag{2.7}$$

式（2.7）中，$W_{\varepsilon}$ 和 $W_0$ 分别为图 2.4 中阴影部分面积和三角形 OAB 的面积。对于无损混凝土材料，$W_{\varepsilon}=W_0$，则 $D=0$；对于有损伤混凝土材料，$0<W_{\varepsilon}<W_0$，于是 $D\neq0$，在损伤的极限状态，$W_0\geqslant W_{\varepsilon}$，则 $D$ 值趋近 1。因此，$0\leqslant D\leqslant1$，将式（2.10）用于度量混凝土损伤是合乎其损伤发展情况的。根据上式，如果已知混凝土的受压或受拉应力 - 应变全曲线，编制计算机程序，将图 2.4 中阴影面积分解成若干个梯形面积之和，则可计算出损伤因子随应变增长的变化曲线，可直观描述混凝土的损伤演变过程。

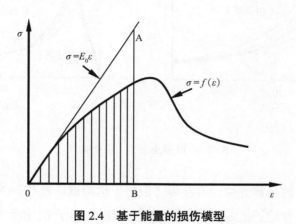

**图 2.4　基于能量的损伤模型**

2.《混凝土结构设计规范》GB 50010-2010 中混凝土损伤因子的计算

《混凝土结构设计规范》GB 50010-2010 附录给出了混凝土单轴受压和单轴受拉应力 - 应变关系曲线，其受压应力 - 应变关系表达式如下：

$$y = \alpha_a x + (3 - 2\alpha_a) x^2 + (\alpha_a - 2) x^3 \qquad (x \leqslant 1) \qquad (2.8a)$$

$$y = \frac{x}{\alpha_d (x-1)^2 + x} \quad (x > 1) \qquad (2.8b)$$

上式中，$x = \dfrac{\varepsilon}{\varepsilon_c}$，$y = \dfrac{\sigma}{f_c}$，$f_c$ 为峰值压应力，$\varepsilon_c$ 为峰值压应力时的应变，$\alpha_a$、$\alpha_d$ 数值详见《混凝土结构设计规范》GB 50010-2010，给出混凝土单轴受拉应力 - 应变关系曲线表达式如下：

$$y = \begin{cases} 1.2x - 0.2x^6 & (x \leqslant 1) \\ \dfrac{x}{\alpha_t (x-1)^{1.7} + x} & (x > 1) \end{cases} \qquad (2.9)$$

式（2.9）中，$x = \dfrac{\varepsilon}{\varepsilon_t}$，$y = \dfrac{\sigma}{f_t}$，$f_t$ 为峰值拉应力，$\varepsilon_t$ 为峰值拉应力时的应变，$\alpha_t$ 数值详见《混凝土结构设计规范》GB 50010-2010。图 2.5 给出了式（2.8）和式（2.9）计算获得的混凝土应力 - 应变关系曲线。

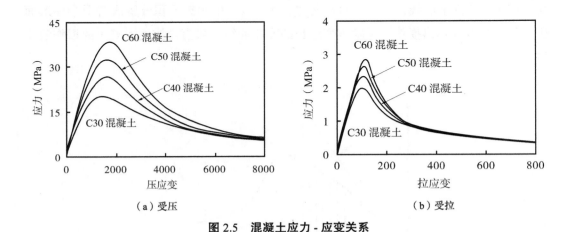

（a）受压　　　　　　　　　　　　（b）受拉

**图 2.5　混凝土应力 - 应变关系**

按照式（2.7）的计算方法，可获得《混凝土结构设计规范》GB 50010-2010 中提供的混凝土单轴应力 - 应变关系曲线对应的受压损伤因子 $D_c$ 和受拉损伤因子 $D_t$ 随应变的变化曲线，如图 2.6 所示。

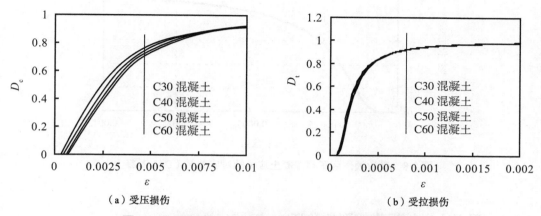

（a）受压损伤　　　　　　　　　　　　　　（b）受拉损伤

**图 2.6　不同混凝土强度情况下的损伤因子随应变的变化**

从图 2.6 可见，对于同一受压应变值和受拉应变值，受压损伤因子和受拉损伤因子均随着混凝土强度等级的提高而减小，且混凝土强度对受拉损伤因子的影响很小。

为了研究损伤因子和混凝土应力的对应关系，将混凝土应力 - 应变关系曲线归一化，和损伤因子的变化曲线放在同一张图中。以 C40 混凝土为例，如图 2.7 和图 2.8 所示，横坐标为混凝土的压应变，纵坐标为混凝土的压应力与峰值的比值。从图 2.7 和图 2.8 可见，对于受压损伤，当混凝土达到压应力峰值时，受压损伤因子接近 0.3，因此，当混凝土的受压损伤因子在 0.3 以下，混凝土未达到承载力峰值，基本可以判断混凝土尚未压碎；对于受拉损伤，当拉应变达到 0.00025 时，混凝土的强度降低到峰值的 50%，此时的损伤因子约为 0.5，此时可认为混凝土受拉破坏。

通过以上分析，可以将混凝土微观反应（压碎和拉裂）与宏观的塑性损伤因子结合起来，换句话说，通过在塑性损伤模型中引入损伤因子，可以更方便地了解混凝土材料在受力过程中压应力和拉应力（压碎和拉裂）的发展变化情况。

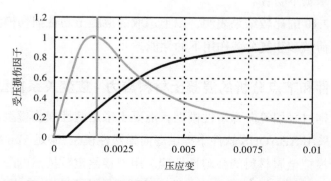

**图 2.7　受压损伤因子和混凝土应力的对应关系（C40 混凝土）**

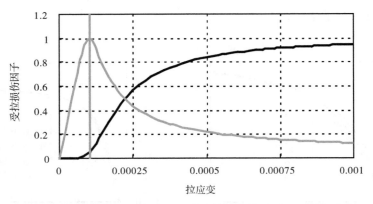

**图 2.8　受拉损伤因子和混凝土应力的对应关系（C40 混凝土）**

### 2.2.3　混凝土塑性损伤模型的验证

　　如上所述，塑性损伤模型可以模拟混凝土的塑性性能和在往复荷载作用下的刚度退化，且具有较好的收敛性，本书研究时混凝土材料即采用了塑性损伤模型。

　　为了验证混凝土塑性损伤模型的准确性，对著名的 Kupfer 等（1969）进行的单轴受压、等双轴受压、不等双轴受压和一拉一压受力状态下素混凝土试件应力 - 应变关系曲线进行了验算，试件的尺寸为 20cm×20cm×5cm，弹性模量 $E_0$=39500MPa，泊松比为 0.24。

　　混凝土采用 8 节点减缩积分单元 C3D8R 来模拟，计算结果与试验结果的比较如图 2.9 所示，$\sigma_1$ 方向为主受压轴方向，计算结果与试验结果吻合较好。从图 2.9 比较结果可见，混凝土的塑性损伤模型可以较好地模拟混凝土在单轴、双轴等复杂受力状态下的工作性能。从图 2.9 比较结果还可看到，混凝土的塑性损伤模型可以较好地模拟混凝土在单轴、双轴等复杂受力状态下的工作性能。为了验证本书中混凝土塑性损伤模型中损伤系数及刚度恢复系数选取的正确性，对相关研究者进行的反复荷载作用下混凝土受压、受拉应力 - 应变关系曲线试验结果进行验证，如图 2.10 所示，可见计算结果与试验结果基本吻合。

　　图 2.9 和图 2.10 的比较结果表明，以上选取的混凝土塑性损伤模型能够较好地模拟混凝土在单调荷载和往复荷载作用下的性能。

### 2.2.4　用于构件和节点分析的混凝土材料应力 - 应变关系模型

　　如上所述，钢材采用等向弹塑性模型，混凝土采用塑性损伤模型，以下对此进行具体描述。钢材采用 ABAQUS 软件中提供等向弹塑性模型,满足 Von Mises 屈服准则，这种模型多用于模拟金属材料的弹塑性性能。用连接给定数据点的一系列直线来平滑地逼近金属材料的应力 - 应变关系。该模型采用任意多个点来逼近实际的材料行为，

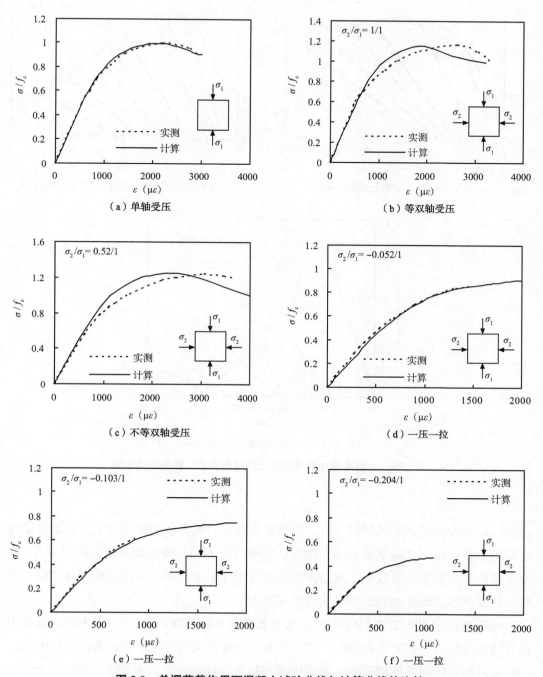

（a）单轴受压

（b）等双轴受压

（c）不等双轴受压

（d）一压一拉

（e）一压一拉

（f）一压一拉

**图 2.9 单调荷载作用下混凝土试验曲线与计算曲线的比较**

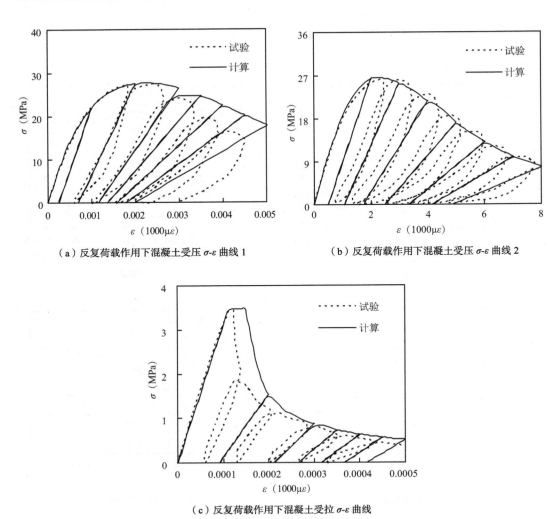

（a）反复荷载作用下混凝土受压 $\sigma$-$\varepsilon$ 曲线 1

（b）反复荷载作用下混凝土受压 $\sigma$-$\varepsilon$ 曲线 2

（c）反复荷载作用下混凝土受拉 $\sigma$-$\varepsilon$ 曲线

**图 2.10　反复荷载作用下混凝土试验曲线与计算曲线的比较**

因此，就非常接近真实的材料行为。塑性数据将材料的真实屈服应力定义为真实塑性应变的函数。由于低碳软钢和高强钢材的变形特点不同，描述其塑性性能的应力 - 应变关系曲线分别采用五段式二次塑流模型和双线性模型。本书有限元模型建立时，钢材弹性模量取 206000MPa，弹性阶段泊松比取 0.3。

低碳软钢采用图 2.11（a）中的二次塑流模型（韩林海，2007），图中的点划线为钢材实际的应力 - 应变关系曲线，实线所示为简化的应力 - 应变关系曲线，其中，$f_p$、$f_y$ 和 $f_u$ 分别为钢材的比例极限、屈服极限和抗拉强度极限。二次塑流模型的应力 - 应变关系模型的数学表达式如下：

$$\sigma_{s} = \begin{cases} E_{s}\varepsilon_{s} & \varepsilon_{s} \leqslant \varepsilon_{e} \\ -A\varepsilon_{s}^{2} + B\varepsilon_{s} + C & \varepsilon_{e} < \varepsilon_{s} \leqslant \varepsilon_{e1} \\ f_{y} & \varepsilon_{e1} < \varepsilon_{s} \leqslant \varepsilon_{e2} \\ f_{y}\left[1 + 0.6\dfrac{\varepsilon_{s} - \varepsilon_{e2}}{\varepsilon_{e3} - \varepsilon_{e2}}\right] & \varepsilon_{e2} < \varepsilon_{s} \leqslant \varepsilon_{e3} \\ 1.6f_{y} & \varepsilon_{s} > \varepsilon_{e3} \end{cases} \qquad (2.10)$$

式中

$$\varepsilon_{e} = 0.8f_{y}/E_{s}, \;\; \varepsilon_{e1} = 1.5\varepsilon_{e}$$

$$\varepsilon_{e2} = 10\varepsilon_{e1}, \;\; \varepsilon_{e3} = 100\varepsilon_{e1}$$

$$A = 0.2f_{y}/(\varepsilon_{e1} - \varepsilon_{e})^{2}$$

$$B = 2A\varepsilon_{e1}$$

$$C = 0.8f_{y} + A\varepsilon_{e}^{2} - B\varepsilon_{e}$$

对于高强钢材，一般采用双折线模型，如图 2.11（b）所示，即弹性段和强化段。其中，强化段（ab 段）模量取值为 $0.01E_{s}$，$E_{s}$ 为钢材弹性模量。

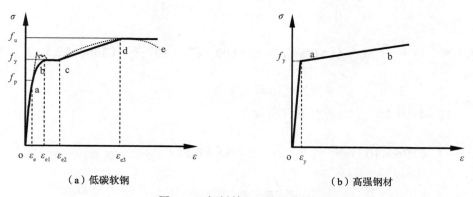

（a）低碳软钢　　　　　　　　　　（b）高强钢材

图 2.11　钢材的 $\sigma$-$\varepsilon$ 关系曲线

对于普通钢筋混凝土构件中的混凝土，混凝土的单轴受压模型采用 Attard（1996）提出的模型，该模型经过了大量的试验验证，且具有形式较为简单、适用范围广等优点。Attard（1996）提出的混凝土模型的数学表达式如下：

$$Y = \frac{AX + BX^{2}}{1 + CX + DX^{2}} \qquad (2.11)$$

式中，$Y = \sigma_{c}/f_{c}$，$X = \varepsilon_{c}/\varepsilon_{co}$，$f_{c}$ 和 $\varepsilon_{co}$ 分别为混凝土圆柱体抗压强度和峰值应变。

$$\varepsilon_{co} = \frac{4.26 f_c}{E_c \sqrt[4]{f_c}} \qquad (2.12)$$

当 $0 \leqslant \varepsilon_c \leqslant \varepsilon_{co}$ 时，$A = \dfrac{E_c \varepsilon_{co}}{f_c}$；$B = \dfrac{(A-1)^2}{0.55} - 1$；$C = A - 2$；$D = B + 1$

当 $\varepsilon_c > \varepsilon_{co}$ 时，$A = \dfrac{f_{ic}(\varepsilon_{ic} - \varepsilon_{co})^2}{\varepsilon_{ic} \varepsilon_{co}(f_c - f_{ic})}$；$B = 0$；$C = A - 2$；$D = 1$

上式中，$E_c$ 为混凝土弹性模量，$f_{ic}$ 和 $\varepsilon_{ic}$ 为混凝土应力 - 应变关系曲线下降段的反弯点所对应的应力和应变值，按下式确定：

$$f_{ic} / f_c = 1.41 - 0.17\ln(f_c) \qquad (2.13)$$

$$\varepsilon_{ic} / \varepsilon_{co} = 2.5 - 0.3\ln(f_c) \qquad (2.14)$$

对于钢管混凝土中的核心混凝土，采用清华大学韩林海教授提出的核心混凝土本构关系模型，其单轴受压应力 - 应变关系表达式如下（韩林海，2007）：

$$y = \begin{cases} 2x - x^2 & (x \leqslant 1) \\ \dfrac{x}{\beta(x-1)^\eta + x} & (x > 1) \end{cases} \qquad (2.15)$$

式中：$x = \dfrac{\varepsilon}{\varepsilon_o}$；$y = \dfrac{\sigma}{\sigma_o}$；$\sigma_o = f_c(\mathrm{MPa})$；$\varepsilon_o = \varepsilon_c + 800 \cdot \xi^{0.2} \cdot 10^{-6}$；$\varepsilon_c = (1300 + 12.5 \cdot f_c) \cdot 10^{-6}$。

$$\eta = \begin{cases} 2 & (\text{圆钢管混凝土}) \\ 1.6 + 1.5/x & (\text{方钢管混凝土}) \end{cases}$$

$$\beta = \begin{cases} (2.36 \times 10^{-5})^{[0.25 + (\xi - 0.5)^7]} \cdot f_c^{0.5} \cdot 0.5 \geqslant 0.12 & (\text{圆钢管混凝土}) \\ \dfrac{f_c^{0.1}}{1.2\sqrt{1+\xi}} & (\text{方钢管混凝土}) \end{cases}$$

有限元模型建立时，混凝土弹性模量按 $E_c = 4730\sqrt{f_c}$（MPa）（$f_c$ 为核心混凝土圆柱体抗压强度，单位 MPa）计算，弹性阶段泊松比取 0.2。

当混凝土受拉时，需要定义混凝土受拉软化性能。ABAQUS 软件中提供三种定义混凝土受拉软化性能的方法：①采用混凝土受拉的应力 - 应变关系；②采用混凝土应力 - 裂缝宽度关系；③采用混凝土破坏能量准则来考虑混凝土受拉软化性能即应力 - 断裂能关系。通常，采用能量破坏准则定义混凝土受拉软化性能为具有较好的计算收敛性。该准则基于脆性破坏概念定义开裂的单位面积作为材料参数，因此，混凝土脆

性性能就是用应力 - 断裂能关系来描述，而不是用应力 - 裂缝宽度关系来描述，该模型假定混凝土开裂后应力线性减小，本书采用了该模型来模拟混凝土受拉软化性能，如图 2.12 所示。图 2.12 中，$G_f$ 和 $\sigma_{t0}$ 分别为混凝土的断裂能（每单位面积内产生一条连续裂缝所需的能量值）和破坏应力，其中，当 $f_c$ 为 20MPa 时，破坏能 $G_f$ 取为 40N/m；当 $f_c$ 为 40MPa 时，破坏能 $G_f$ 取为 120N/m，中间插值计算。破坏应力（$\sigma_{t0}$）按沈聚敏等（1993）提出的混凝土抗拉强度计算公式确定，其表达式为：

$$\sigma_{t0} = 0.26 \times \left( 1.5 f_{ck} \right)^{2/3} \tag{2.16}$$

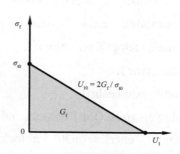

**图 2.12　混凝土受拉软化模型**

## 2.3　混凝土用户材料子程序的开发

以上介绍了 ABAQUS 自带的混凝土塑性损伤模型，该模型可用于混凝土实体单元模拟，但不能应用于采用梁单元进行混凝土梁的模拟，考虑到弹塑性工程实际分析时的计算成本，必须开发适用于梁单元模拟的混凝土用户材料模型，用户材料子程序是 ABAQUS 提供给用户定义自己的材料属性的 Fortran 程序接口。

### 2.3.1　用户材料子程序的编写

用户自定义材料子程序（VUMAT）用来定义材料的力学本构关系，ABAQUS 将材料点上的应变和状态变量等其他相关信息传入这个子程序，由此子程序计算相应的应力，并更新状态变量等其他相关信息。用户子程序的声明定义了相应的接口，具体形式为（Hibbitt，2007）：

```
subroutine vumat（
C Read only（unmodifiable）variables -
    1 nblock, ndir, nshr, nstatev, nfieldv, nprops, lanneal,
    2 stepTime, totalTime, dt, cmname, coordMp, charLength,
    3 props, density, strainInc, relSpinInc,
```

```
      4 tempOld, stretchOld, defgradOld, fieldOld,
      5 stressOld, stateOld, enerInternOld, enerInelasOld,
      6 tempNew, stretchNew, defgradNew, fieldNew,
C Write only（modifiable）variables -
      7 stressNew, stateNew, enerInternNew, enerInelasNew）
C

      include 'vaba_param.inc'
C

      dimension props（nprops）, density（nblock）, coordMp（nblock, *）,
      1 charLength（nblock）, strainInc（nblock, ndir+nshr）,
      2 relSpinInc（nblock, nshr）, tempOld（nblock）,
      3 stretchOld（nblock, ndir+nshr）,
      4 defgradOld（nblock, ndir+nshr+nshr）,
      5 fieldOld（nblock, nfieldv）, stressOld（nblock, ndir+nshr）,
      6 stateOld（nblock, nstatev）, enerInternOld（nblock）,
      7 enerInelasOld（nblock）, tempNew（nblock）,
      8 stretchNew（nblock, ndir+nshr）,
      8 defgradNew（nblock, ndir+nshr+nshr）,
      9 fieldNew（nblock, nfieldv）,
      1 stressNew（nblock, ndir+nshr）, stateNew（nblock, nstatev）,
      2 enerInternNew（nblock）, enerInelasNew（nblock）,
C

      character*80 cmname
C
```

1. 状态变量的定义

状态变量的意义由子程序的编写者自己定义，本书中状态变量的定义如下：

stateOld/New（\*，1）—ILS，程序中用来区分弹性加载和塑性加载状态的标识量；

stateOld/New（\*，2）—STRAIN，存储应变全量，由于 ABAQUS 只传入应变增量，而本程序中采用全量法求解塑性应力，所以需要存储应变全量；

stateOld/New（\*，3）—CPLS，压缩塑性应变；

stateOld/New（\*，4）—CDMG，压缩损伤系数；

stateOld/New（\*，5）—TPLS，拉伸塑性应变；

stateOld/New（\*，6）—TDMG，拉伸损伤系数；

可以在单元输出选项中，用 SDV 标识输出这些状态变量用于后处理。

2. 厚度应变和扭转应力的计算

在单向应力状态下，厚度应变直接按泊松比的定义可得：

$$\varepsilon_2 = \varepsilon_3 = -\nu\varepsilon_1 \tag{2.17}$$

对于扭转，ABAQUS 假定总是弹性的，并且和拉压弯曲是独立的：

$$\tau = G\gamma \tag{2.18}$$

这样，在考虑拉压弯曲时就可以按照单向应力状态处理，而式（2.18）对厚度应变的定义也总是成立。

3. 正应力的计算

正应力的定义是子程序的主要部分，在程序中这部分被单独写成了一个子程序，该子程序的流程如图 2.13 所示。

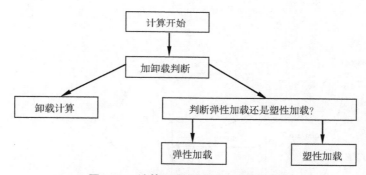

图 2.13　计算正应力子程序的流程图

4. 混凝土数据的给定方式

为了求解应力，需要对于拉压两种情况都给出两组数据：应力 - 塑性应变关系和损伤 - 塑性应变关系。这里的塑性应变是指按衰减后的刚度卸载得到的塑性应变，但由试验给出的数据往往是关于应变全量的；而一般的塑性应变往往指按初始模量卸载后得到的塑性应变，在 ABAQUS 中求解弹塑性问题时输入数据的格式就是这样的。如果数据不是按要求的方式给定的，就需要作数据的转换。

## 2.3.2　用于梁单元的混凝土塑性损伤模型的推导

1. 塑性加载的推导

对于梁单元，计算单元内力时，剪力 $F_y$ 和 $F_z$ 不是直接由应力积分得到的，而是由弯矩 $M_y$ 和 $M_z$ 通过单元的力平衡方程得到的。而对于轴向力 $F_x$ 和弯矩 $M_y$、$M_z$，在积分计算它们时，只用到轴向的应力分量。所以对梁单元来说，在由应变求应力的过程中，可以只考虑单向应力状态，这无疑使问题获得了极大的简化。对于混凝土塑性损伤模型在单轴情况下的公式可以通过简化式（2.19）和式（2.20）得到，也可以直接由混凝土塑性损伤模型的特性直接推得。下面用后一种方法来进行推导。

以拉伸情况为例，首先推导当处于拉伸塑性加载时，怎样由应变及加载历史求得当前应力。这里的加载历史由塑性应变 $\varepsilon_c^{pl}$ 和 $\varepsilon_t^{pl}$ 来描述。这里，不论是应力还是应变都采用了全量的形式。下面先明确一下这里用到的所有变量的含义：

$\sigma_t$ 为应力；$E_0$ 为初始弹性模量；$\varepsilon$、$\varepsilon_t^{pl}$、$\varepsilon_t^{el}$、$\varepsilon_c^{pl}$ 为总应变、拉伸塑性应变、拉伸弹性应变、压缩塑性应变；$d_t$、$d_c$ 为拉伸损伤系数、压缩损伤系数；$s_t$、$s_c$ 计算系数，由式（2.3）计算得出。这里，$\varepsilon_c^{pl}$ 约定取绝对值。对于拉应力状态，在这 10 个量中，未知的量有 4 个：$\sigma_t$、$\varepsilon_t^{pl}$、$\varepsilon_t^{el}$、$d_t$，所以需要寻找 4 个方程。

在图 2.14 中，strain 指总应变，plstrain C 指压缩塑性应变，elstrain T 指拉伸弹性应变，plstrain T 指拉伸塑性应变，可以看出拉伸塑性应变包含两部分：以前累计部分和本次拉伸状态时累计的。考虑如图 2.14 所示的情况，则各个应变量之间有如下关系：

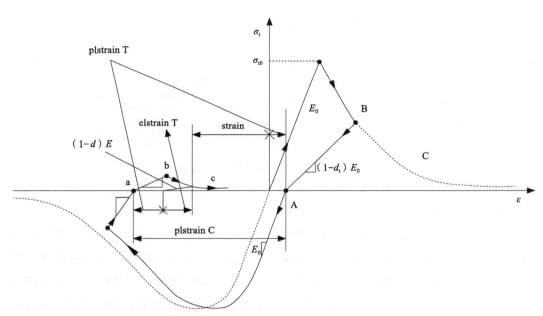

**图 2.14　单向应力状态循环荷载情况下的推导**

$$\varepsilon = \varepsilon_t^{el} + \varepsilon_t^{pl} - \varepsilon_c^{pl} \tag{2.19}$$

拉伸损伤系数和拉伸塑性应变有关：

$$d_t = d_t(\varepsilon_t^{pl}) \tag{2.20}$$

应力和弹性拉伸应变有如下关系：

$$\sigma_t = (1-d) E_0 \varepsilon_t^{el} = (1-s_c d_t)(1-s_t d_c) E_0 \varepsilon_t^{el} \tag{2.21}$$

在图 2.14 中，ABC 和 abc 两部分相对应，但 abc 部分还受到前面压缩状态时积累的压缩塑性应变的影响。假设 BC 部分的曲线是与单调受拉曲线重合的，即对于 BC 段上每一点，都可以由拉伸塑性应变来确定：

$$\tilde{\sigma}_t = \tilde{\sigma}_t (\varepsilon_t^{pl}) \tag{2.22}$$

但对于 bc 段上对应的点，还受到前面累计的压缩塑性应变的影响；由于整个 abc 段与 ABC 段是对应的，可以根据 ab 段与 AB 段的关系，确定 bc 段与 BC 段的对应关系，显然，ab 段和 AB 段的斜率相差一个因子 $(1-s_t d_c)$，由此，则有：

$$\sigma_t = (1-s_t d_c) \tilde{\sigma}_t (\varepsilon_t^{pl}) \tag{2.23}$$

式（2.17）虽然是在假定 BC 段与单调拉伸加载曲线重合的情况下推出的，但不难知道，这个式子具有一般性，即对于循环荷载情况下，不论是第几次处于拉伸工况下都成立。

这样，对于循环荷载中的拉伸状态，给定应变值和加载历史（由塑性应变 $\varepsilon_c^{pl}$ 和 $\varepsilon_t^{pl}$ 来反映），通过式（2.21）～式（2.23），就可得到当前的应力值、新的塑性应变和损伤系数；对于压缩时的情况可以类似地得到。

2. 后继屈服应力的确定

对于应力的拉压状态不变的情况，根据应力 - 塑性应变曲线就可以直接确定屈服应力。例如，在图 2.14 中，若先单调拉伸至 B 点，卸载但仍在拉伸状态，若再加载，此时的后继屈服应力就是 $\tilde{\sigma}_t(\varepsilon_t^{pl})$。

但对于循环加载的情况，例如在 ab 段的后继屈服应力就还需要乘以因子 $(1-s_t d_c)$（其原因和推导式（2.17）的理由是一样的），即：

$$\sigma_{t,s} = (1-s_t d_c) \tilde{\sigma}_t (\varepsilon_t^{pl}) \tag{2.24}$$

### 2.3.3　用户材料子程序的验证

1. 钢筋混凝土本构验证

采用用户材料子程序验证分析钢筋混凝土时的准确程度，计算时钢筋混凝土截面的处理方式一般有如下两种：①方式一是直接应用 ABAQUS 中的 rebar 命令，在梁截面中添加单根钢筋；②方式二是将混凝土中的钢筋拟为钢筋单元，其截面形式为箱形截面，箱形截面的壁厚为每一侧钢筋的折算厚度。第一种方式可以较为精确地模拟钢筋混凝土截面，但对于大型复杂建筑结构，用这种方式显得过于繁杂，不便于实际应用。第二种方式则增加了模型的单元数量，但在大型复杂结构中易于实现。图 2.15 所示为钢筋混凝土截面的钢筋处理方式示意图。

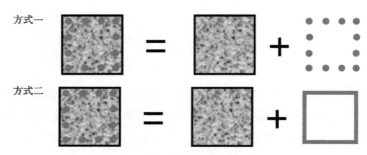

图 2.15　钢筋混凝土截面钢筋处理方式示意图

本节所有测试，均只取一个单元，一端固支，一端加载。为了测试应力 – 应变关系，采用位移加载。对于矩形钢筋混凝土柱，计算条件为：截面宽度 1m、截面高度 1m、混凝土强度等级 C25、钢筋强度等级 Q235、截面配筋率 $\rho = 2\%$（$\rho =$ 钢筋面积 / 柱截面面积，钢筋沿截面均匀布置）。

（1）单向压缩测试

图 2.16 给出了采用 ABAQUS 实体单元和用户材料子程序计算获得的轴向荷载 - 轴压应变的关系曲线，可见计算结果吻合较好。图 2.17 给出本算例采用 ABAQUS 计算获得受压损伤发展历程的比较，可见受压损伤发展历程曲线基本重合，计算结果基本等效。

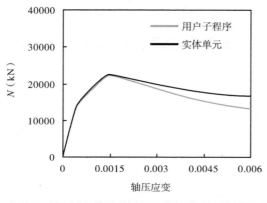

图 2.16　轴向荷载 - 轴压应变关系曲线比较

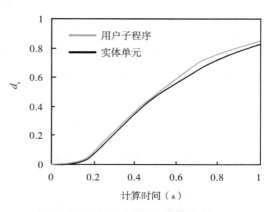

图 2.17　受压损伤发展历程比较

（2）单向拉伸测试

图 2.18 给出了采用 ABAQUS 实体单元和用户材料子程序计算获得的轴向拉伸荷载 - 纵向拉伸应变，可见两者完全重合，计算结果完全等效。图 2.19 给出本算例采用 ABAQUS 计算获得的受拉损伤发展历程的比较，可见受拉损伤发展历程曲线完全重合，计算结果完全等效。

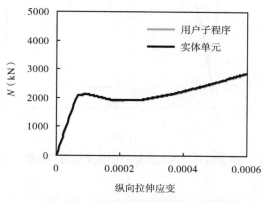

图 2.18　轴向拉伸荷载 - 纵向拉伸应变关系曲线比较

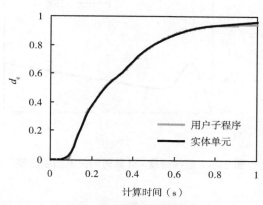

图 2.19　受拉损伤发展历程比较

（3）压弯测试

图 2.20 给出了采用 ABAQUS 实体单元和用户材料子程序计算获得的竖向荷载 - 计算时间的关系曲线，可见计算结果吻合较好。图 2.21 给出本算例采用 ABAQUS 计算获得受拉损伤发展历程的比较，可见受拉损伤发展历程曲线基本重合，吻合较好。

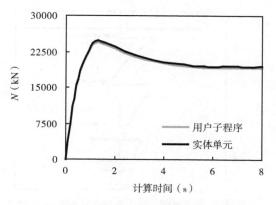
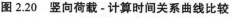

图 2.20　竖向荷载 - 计算时间关系曲线比较

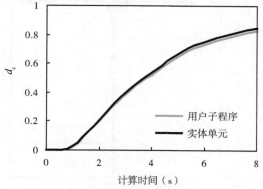

图 2.21　压弯工况受压损伤发展历程比较

（4）拉弯测试

图 2.22 给出了采用 ABAQUS 实体单元和用户材料子程序计算获得的竖向荷载 -

计算时间的关系曲线，可见计算结果吻合较好。图 2.23 给出本算例采用 ABAQUS 计算获得受拉损伤发展历程的比较，可见拉弯工况计算获得的受拉损伤发展历程曲线计算结果吻合较好。

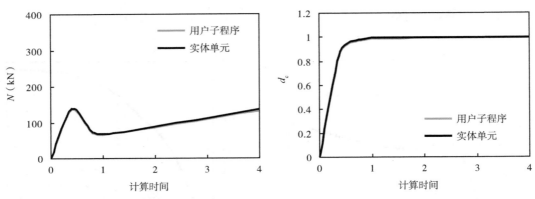

图 2.22　竖向荷载 - 计算时间关系曲线比较　　图 2.23　拉弯工况受拉损伤发展历程比较

（5）拉压循环荷载

图 2.24 给出本算例采用 ABAQUS 计算获得受拉损伤的发展历程曲线的比较，可见拉压循环荷载工况计算获得的受拉损伤时程曲线，计算结果吻合良好。图 2.25 给出本算例采用 ABAQUS 计算获得受压损伤的发展历程的比较，可见拉压循环荷载工况计算获得的受压损伤时程曲线基本吻合，但有一定的差别，计算误差在工程允许的误差范围内。

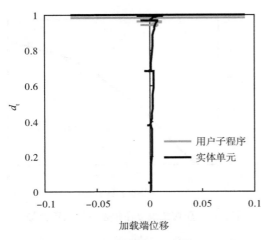
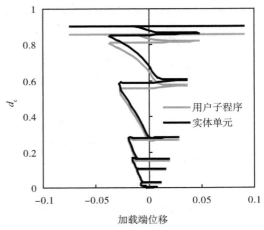

图 2.24　拉压循环荷载作用下受拉损伤　　　图 2.25　拉压循环荷载作用下受压损伤
　　　　　发展历程比较　　　　　　　　　　　　　发展历程比较

**2. 与往复荷载作用下钢筋混凝土柱的试验数据对比**

以上采用本书编制的用户材料子程序与 ABAQUS 自带的梁单元和实体单元进行了较为充分的验证，以下采用用户材料子程序对往复荷载作用下的钢筋混凝土柱的相关试验结果进行比较，进一步说明本书编制程序的可靠性。

（1）与顾祥林等（2010）进行的钢筋混凝土柱的试验结果比较

图 2.26 给出了柱的配筋及尺寸，混凝土棱柱体抗压强度为 $f_c$=29.6MPa，弹性模量 $E_c$=32000MPa，钢筋屈服强度 $f_y$=383MPa，极限强度 $f_u$=603MPa，弹性模量为 200000MPa，极限延伸率为 0.29。图 2.27 给出了与顾祥林等（2010）进行的钢筋混凝土柱的试验结果比较，可见计算结果与试验结果基本吻合。

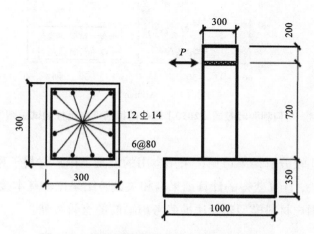

**图 2.26　柱的配筋及尺寸（顾祥林等，2010）**

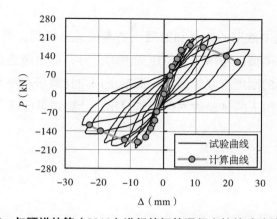

**图 2.27　与顾祥林等（2010）进行的钢筋混凝土柱的试验结果比较**

（2）与何利和叶献国（2010）进行的钢筋混凝土柱的试验结果比较

何利和叶献国（2010）采用了与图 2.26 相似的加载装置，给出了柱截面尺寸为

225mm × 275mm × 825mm，混凝土实测强度为 28.27MPa，弹性模量 $E_c$ = 29200MPa，钢筋屈服强度 $f_y$ = 456.7MPa，极限强度 $f_u$ = 642.5MPa，弹性模量为 207000MPa。图 2.28 给出了与何利和叶献国（2010）进行的钢筋混凝土柱的试验结果比较，可见计算结果与试验结果基本吻合。

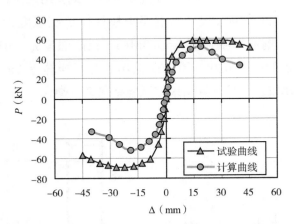

**图 2.28 与何利和叶献国（2010）进行的钢筋混凝土柱的试验结果比较**

通过以上的比较分析结果可见，采用本书的混凝土用户材料子程序以及钢筋混凝土建模的处理办法，计算获得的计算结果与相关试验结果比较基本接近，且偏于安全，原因在于目前的用户材料模型还无法准确考虑箍筋的有效贡献。

## 2.4  本章小结

本章介绍了建筑中常用的钢材和混凝土的本构关系模型，并基于 ABAQUS 软件编制混凝土材料本构模型，考虑材料拉压强度的差异，同时考虑反复荷载下刚度、强度的退化和拉压循环的刚度恢复等因素。混凝土用户材料子程序与实体单元和钢筋混凝土柱在往复荷载作用下的试验数据进行了对比，计算结果得到了验证。

# 第 3 章 建筑结构弹塑性分析模型的建立

本章主要介绍建筑结构弹塑性分析模型的建立过程，包括单元的选取、边界条件的设定以及整体结构弹塑性时程分析时地震波的输入、阻尼选取等关键技术问题。

## 3.1 构件与节点弹塑性分析模型的建立

### 3.1.1 三维几何模型的建立

对于简单的三维实体模型，ABAQUS 软件中 CAE 模块就可以建立，对于复杂的三维实体模型，直接采用 ABAQUS 软件建模效率较低，通常土木工程技术人员都采用 AutoCAD 软件进行实体建模，AutoCAD 软件也是大部分土木工程人员熟悉的软件。AutoCAD 建模后直接导入 ABAQUS 软件进行分析。

### 3.1.2 单元类型的选取

建筑结构中构件或节点所用的钢板采用四节点减缩积分格式的壳单元（S4R），为满足一定的计算精度，在壳单元厚度方向，采用 9 个积分点的 Simpson 积分（缺省值为 5 个积分点）。S4R 单元允许沿厚度方向的剪切变形，随着壳厚度的变化，求解方法会自动服从厚壳理论或薄壳理论，当壳厚度很小时，剪切变形很小，并且考虑有限薄膜应变和大转动，属于有限应变壳单元，适合大应变的分析。

实体单元中钢筋采用 TRUSS 单元来模拟，钢筋单元与混凝土单元之间可以用弹簧单元连接，也可以采用 embeded 命令"嵌入"混凝土中，忽略钢筋和混凝土之间的滑移。

混凝土采用了八节点减缩积分格式的三维实体单元（C3D8R），虽然这种单元与其他高次等参单元相比，计算精度稍低，但却可以减少很多自由度，从而可以大大节省计算时间，从计算的经济性出发，混凝土采用 C3D8R 单元。

### 3.1.3 单元网格的划分

采用有限元法分析结构，首先需要对所研究的结构进行离散化，所谓离散化就是用有限多个大小的单元在有限多个节点上相互连接，形成离散结构物，把对原连续弹塑性体的分析变为对离散结构的分析。网格划分密度对有限元计算精度非常重要，如果网格过于粗糙，计算结果精度降低甚至导致严重的错误，如果划分的网格过密，将花费过多的计算，浪费计算机资源，因此在结构离散化时应结合网格试验确定合理的网格密度。

进行网格试验一般有两种方法，采用高阶单元和细化网格。本书采用第二种方法进行网格收敛性分析。首先执行一个较为合理的网格划分的初始分析，为保证计算精度，网格三向尺寸不应相差过大，再利用两倍的网格方案重新分析，并比较两者的结果，如果两者结果的差别较小（如计算结果的差别小于1%），则网格密度是足够的，否则应继续细化网格直至划分得到近似相等的计算结果。

### 3.1.4　边界条件的施加

通常边界条件包括荷载边界条件、位移边界条件和接触边界条件，针对不同的受力条件，在ABAQUS软件中可以设置相应的边界条件。为了提高计算效率，可优先采用对称模型进行计算。

### 3.1.5　非线性方程的求解

有限元分析包括三类非线性问题，即材料非线性问题，边界条件非线性问题以及本书后面有关章节所述的几何非线性问题。非线性问题最终归结为求解一个非线性平衡方程组，例如用位移作为未知数的有限元分析结构时，其总体平衡方程组为：

$$[K(\delta)][\delta] = [R] \tag{3.1}$$

式中，$[\delta]$ 为结点位移列阵；$[R]$ 为结点荷载列阵；$[K(\delta)]$ 为总体刚度矩阵，是结点位移的函数。可见，非线性问题中的总体刚度矩阵 $[K(\delta)]$ 不同于线性问题中的总体刚度矩阵，矩阵中元素随结构应力和位移而变化的非常量，应采用数值方法求解非线性方程。

求解方法（Hibbitt，2007；庄茁等，2005）大致可归纳为三类：迭代法、增量法以及增量迭代混合法。增量迭代法综合了增量法和迭代法的优点，即仍将荷载划分为若干级增量，但荷载分级数较增量法大大减少了；对每一个荷载增量，进行迭代计算，使得每一级增量中的计算误差可控制在很小的范围内。本书采用增量迭代法求解，采用自动增量步长法，便捷而有效地求解非线性问题。所谓自动增量步长，即若连续两个增量步少于5次迭代时收敛，ABAQUS将自动将增量大小提高50%，为避免增量步过大，可设定最大增量步长。在默认情况下，如果经过16次迭代的解仍不能收敛或者结果显示出发散，ABAQUS/Standard 放弃当前增量步，并将增量步的值设置为原来值的 25%，重新开始计算。利用比较小的荷载增量来尝试找到收敛的解答。若此增量仍不能使其收敛，ABAQUS/Standard 将再次减小增量步的值。在中止分析之前，ABAQUS/Standard 默认至多五次减小增量步的值。使用自动增量步长求解应提供一合理的初始增量大小，以避免默认初始增量为 1，在高度非线性问题中必须反复减小增量大小，浪费了 CPU 算力。

ABAQUS/Standard 提供三种牛顿方法进行迭代计算（Hibbitt，2007），即牛顿法、修正牛顿法和拟牛顿法。每次迭代的计算量，牛顿法最大、拟牛顿法次之，修正牛顿法最小，但总的计算效率除了与每次迭代的计算量有关外，还与收敛速度有关，因此对于不同的问题，应通过数值试验决定何种算法对于问题的求解更为合适。采用牛顿法（Newton-Raphson）进行迭代计算，对于非线性显著的问题，应使用线性搜索，以加强计算初期的收敛。牛顿法的迭代步骤为：对于一个小的荷载增量 $\Delta P$，结构的非线性响应如图 3.1 所示。应用基于结构初始构形 $u_0$ 的结构初始刚度 $K_0$，和 $\Delta P$ 计算关于结构的位移修正值 $c_a$。利用 $c_a$ 将结构的构形更新为 $u_a$，基于结构更新的构形 $u_a$，形成了新的刚度 $K_a$，也利用更新的构形，计算内部作用力 $I_a$。现在可以计算在所施加的总荷载 $P$ 和 $I_a$ 之间的差为：

$$R_a = P - I_a \tag{3.2}$$

式中，$R_a$ 是对于迭代的残差力。

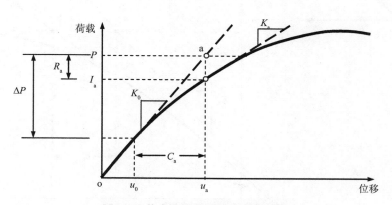

图 3.1　首次迭代的结构非线性响应

如果 $R_a$ 在模型中的每个自由度上均为零，在图 3.1 中的 a 点将位于荷载 - 位移曲线上，并且结构将处于平衡状态。在非线性问题中，几乎不可能使 $R_a$ 等于零，因此，将 $R_a$ 与一个残差力容许值进行比较。如果 $R_a$ 是小于这个容许值，就接受结构的更新构形作为平衡的结果。默认的容许值设置为在整个时间段上作用在结构上的平均力的 0.5%。在整个模拟过程中，自动地计算这个在空间和时间上的平均力。如果 $R_a$ 是比目前的容许值小，可认为 $P$ 和 $I_a$ 是处于平衡状态，而 $u_a$ 就是结构在所施加荷载下有效的平衡构形。但是，在接受这个结果之前，还要检查位移修正值 $c_a$ 是否相对小于总的增量位移，$\Delta u_a = u_a - u_0$。若 $c_a$ 是大于增量位移的 1%，将再进行一次迭代。只有这两个收敛性检查都得到满足，才认为此荷载增量下的解是收敛的。用来终止平衡迭代的合理收敛标准，是有效的增量求解策略的一个基本部分。通常有三种标准，即位移准则、力准则和内能准则，即分别依据位移、力、功的欧几里得范数来判断收敛。以上三种准则中的任何一个或者它们之间的组合都可用来终止迭代，允许值的选择必须小心，以免允许值过大而得到一个不精确的结果，同时也避免允许值太严格而追求不必要的精度造成计算工作量的浪费。收敛允许误差的取值要根据结构计算要求的精度来确定，有时也要和试验所能达到的精度相适应，通常取 0.1% ~ 1%。

一般取 $\alpha = 0.5\%$ 可以获得较好的计算结果。如果迭代的结果不收敛，即进行下一次迭代以试图使内部和外部的力达到平衡。第二次迭代采用前面迭代结束时计算得到的刚度 $K_a$，并与 $R_a$ 共同来确定另一个位移修正值 $c_b$，使得系统更加接近于平衡状态（图 3.2 中的点 b）。

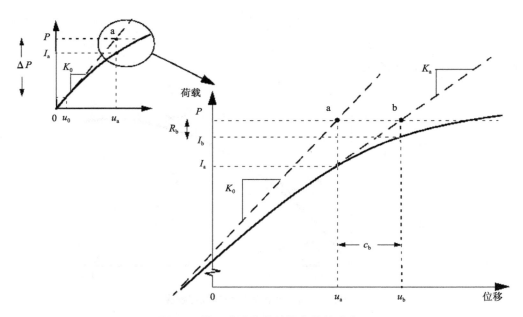

图 3.2　第二次迭代的结构非线性响应

应用来自结构新的构形 $u_b$ 的内部作用力计算新的作用力残值 $R_b$，再次将在任何自由度上的最大作用力残差值 $R_b$ 与作用力容许残差值进行比较，并将第二次迭代的

位移修正值 $c_b$ 与位移增量值 $\Delta u_b = u_b - u_0$ 进行比较。如果需要，将作进一步的迭代（Hibbitt，2007）。

牛顿法的收敛性较好，但在某些情况下（如理想塑性和软化塑性问题），在计算过程中，刚度矩阵可能是奇异的或病态的，以至于刚度矩阵求解出现困难。为克服材料模型软化导致的收敛困难，可以引入一个黏性系数，使刚度矩阵成为非奇异的，或使其病态性减弱，使迭代能够正常进行。

## 3.2　整体结构分析模型的建立

### 3.2.1　模型建立

三维非线性分析计算模型的几何模型按照初步设计图纸的具体尺寸和截面建立。单元类型选取：梁、柱采用三维梁单元；剪力墙、楼板、连梁采用三维壳单元进行模拟。结构几何模型建立后，对模型进行网格划分，为保证足够的计算精度，对于核心筒剪力墙、框架柱等重要构件，网格相应加密，对于楼板等非重要构件，网格相对略粗，但最大单元尺寸不超过 1m。

在壳单元中附加钢筋层属性。该方式主要用于钢筋混凝土剪力墙的钢筋模拟。具体方式为通过 *REBAR LAYER 关键字在 SHELL 单元中添加钢筋层。需要定义的参数包括钢筋的截面积、间距、SHELL 厚度方向上的位置、材料名称，钢筋在壳单元面内的方位角。程序计算时会自动将钢筋转化为具有面内刚度的钢筋膜。其中，方位角表示壳单元面内由局部坐标系的 1 轴正方向到钢筋放置方向的转角。

结构动力弹塑性时程分析，准确地考虑配筋对构件承载力和刚度的贡献是分析正确与否的关键。结构构件均按照计算结果及规范要求进行配筋，剪力墙的约束边缘构件和暗柱按照实际情况配筋，ABAQUS 软件可以精确地考虑钢筋对混凝土梁、柱及剪力墙构件的影响，只要配筋参数输入正确，就可以准确地反映钢筋混凝土构件的弹塑性行为。弹塑性分析中的配筋数据均来自结构设计计算软件的计算结果及规范构造要求，即现有 ABAQUS 弹塑性模型的配筋参数与实际配筋已较为接近，故其分析结果较接近工程实际情况。

对于钢筋混凝土柱采用本书第 2 章的模拟方法，即钢筋混凝土柱由混凝土柱和等效的箱形截面钢管柱叠合而成（图 2.15b 所示），钢筋混凝土梁由混凝土梁和工字形型钢梁组合而成，混凝土框架中的混凝土采用用户材料子程序模拟，如图 3.3 所示。

为了简化计算，在分析过程中采用了如下的计算假定：

（1）在保证构造措施的情况下，不考虑钢筋与混凝土之间的滑移，钢筋与混凝土之间完好粘结、变形协调。

（2）在循环荷载作用下，受拉开裂的混凝土反向受压后，其刚度完全恢复；压碎的混凝土反向受拉，其刚度完全丧失。

本书第四章介绍的弹塑性分析前处理软件 SAT2M，可方便将工程常用的 SATWE 模型转换为 ABAQUS 模型，大大提高了建模效率，详见后文。

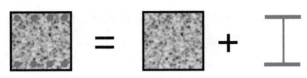

图 3.3　钢筋混凝土梁钢筋处理方式示意图

## 3.2.2　动力方程积分方法

由于罕遇地震作用下结构的非线性特性，动力方程求解采用振型叠加法已不再适用，必须采用直接积分法。ABAQUS 软件提供的直接积分法有隐式算法和显式算法。隐式算法是利用下一时刻的平衡求得下一时刻的位移，而显式算法是利用本时刻的平衡条件求得下一时刻的位移。对于动力学问题，通常采用无条件稳定的隐式算法，但是采用隐式算法进行弹塑性时程分析有两个问题：

（1）隐式算法要求每一步都要作矩阵求逆，随着结构自由度的增加，矩阵求逆所需时间呈几何级数增长。

（2）当结构的非线性程度严重时，还需要进一步细分才能收敛，更为严重的是，当结构出现严重的刚度突变或负刚度时，即使细分步长也可能不收敛，从而得不到计算结果。

显式算法不需要矩阵求逆，因而每步的求解时间很少，且其求解时间的增长与单元数目的增加成算数比例的关系。对于超高层建筑结构弹塑性分析这种大规模的数值运算，显式算法更具有优越性。

## 3.2.3　地震作用输入

按照《建筑抗震设计规范》GB 50011-2010 要求，罕遇地震弹塑性时程分析所选用的单条地震波需满足以下频谱特性：

（1）特征周期与场地特征周期接近。

（2）最大峰值符合规范要求。

（3）持续时间为结构第一周期的 5 ~ 10 倍。

相关研究成果表明，地震波双向输入对结构的反应比地震作用单方向输入要大，因此本书将考虑双向地震波输入，地震输入点在模型与地面的节点处，地震方向将沿着模型第一和第二模态变形方向，地震波峰值加速度按照 X：Y=1：0.85 输入。对于特别复杂的建筑结构，可以考虑采用地震波三向输入。

### 3.2.4　阻尼系统的选择

结构动力时程分析过程中，阻尼取值对结构动力反应的幅值有比较大的影响。在弹性分析中，通常采用振型阻尼 $\xi$ 来表示阻尼比，根据《建筑抗震设计规范》GB 50011-2010 规定，对于钢筋混凝土结构，在罕遇地震下的振型阻尼 $\xi$ 取 0.05。

由于采用 ABAQUS 软件进行结构的动力弹塑性分析时，基于材料本构关系，无结构阻尼的概念，相应指标为材料阻尼和刚度阻尼，分析时采用瑞雷阻尼体系：

$$\xi = \frac{\alpha}{2\omega} + \frac{\beta}{2}\omega \qquad (3.3)$$

$$\begin{pmatrix} \alpha \\ \beta \end{pmatrix} = 2 \frac{\omega_i \omega_j}{\omega_j^2 - \omega_i^2} \begin{pmatrix} \omega_j & -\omega_i \\ -1/\omega_j & 1/\omega_i \end{pmatrix} \begin{pmatrix} \xi_i \\ \xi_j \end{pmatrix} \qquad (3.4)$$

上式中，$\alpha = \xi \dfrac{2\omega_i \omega_j}{\omega_i + \omega_j}$ 和 $\beta = \xi \dfrac{2}{\omega_i + \omega_j}$，$\omega_i$ 和 $\omega_j$ 为结构的圆频率。

## 3.3　本章小结

本章主要介绍建筑结构弹塑性分析模型的建立过程，包括单元的选取、边界条件的设定以及整体结构弹塑性时程分析时地震波的输入、阻尼选取等关键技术问题，为建筑结构弹塑性分析后续的研究创造了条件。

# 第4章 三维建筑结构弹塑性分析前处理软件 SAT2M 的开发

## 4.1 国内相关计算软件现状及本软件开发的必要性

### 4.1.1 国内结构设计软件现状

1. 国内结构计算软件现状

目前国内使用的结构计算软件有：PKPM、广厦、盈建科等，其中 PKPM 是由中国建筑科学研究院建筑工程软件研究所开发的用于建筑结构专业的高层结构计算的专用计算机软件，包含了结构建模、结构整体计算、复杂结构计算、推覆计算、时程分析、细部有限元计算及基础计算等。由于中国建筑科学研究院的权威性，该软件市场占有率较高，现已成为国内应用最为普遍的 CAD 系统和最具权威的高层计算软件。

2. PMCAD 软件介绍

PMCAD 模块是整个结构 PKPM 系统的核心，也是建筑 CAD 与结构 CAD 的必要接口。通过人机交互输入方法建立起各层结构布置数据和荷载数据，结构布置包括柱、梁、墙、洞口、次梁、预制板、挑檐、错层等，结构自重程序自动计算，荷载从板到次梁、承重梁及从上部结构到基础的传导计算。人机交互过程中随时提供修改、拷贝、查询等功能。为框架、连续梁、砖混分析及高层三维分析计算软件提供全部数据文件而无需人工再填表，还可为梁柱、剪力墙、楼梯和基础 CAD 提供绘图信息。

3. SATWE 软件介绍

SATWE 软件是 PKPM 系列软件的核心计算模块，是专门为多、高层结构分析与设计而研制的空间组合结构有限元分析软件。采用空间有限元壳元模型计算分析剪力墙的软件，使多、高层结构的简化分析模型尽可能合理，更好地反映出结构的真实受力状态。

SATWE 所需的几何信息和荷载信息全部从 PMCAD 建立的建筑模型中自动提取生成，有墙元和弹性楼板单元自动划分、多塔、错层信息自动生成功能，并妥善处置上、下洞口任意排布孤墙等复杂情况，大大简化了用户操作。这种计算模型对剪力墙洞口的空间布置无限制，允许上、下层洞口不对齐，也适用于计算框支剪力墙转换层等复杂结构。在壳元基础上凝聚而成的墙元可大大减少计算自由度，并成功地在微机上实现快速、高精度计算。SATWE 采用空间杆单元模拟梁、柱及支撑等杆件，用在壳元基础上凝聚而成的墙元模拟剪力墙。墙元专用于模拟多、高层结构中的剪力墙，对于尺寸较大或带洞口的剪力墙，按照子结构的基本思想，由程序自动进行细分，然后用静力凝聚原理将由于墙元的细分而增加的内部自由度消去，从而保证墙元的精度和有限的出口自由度。这种墙元对剪力墙的洞口（仅考虑矩形洞）的大小及空间位置无限制，具有较好的适用性。墙元不仅具有墙所在的平面内刚度，也具有平面外刚度，可以较好地模拟工程中剪力墙的实际受力状态。

### 4.1.2　本软件开发的必要性

SATWE 软件是 PKPM 系列软件中进行结构分析的功能模块，可以导入 PMCAD 的建模数据，完成工程实际中各类模型的建立。由于依托强大的 PKPM 建模平台，SATWE 的模型建立只需要简单地根据建筑图输入梁、柱、支撑和墙，以及楼梯、楼板、门窗洞、板洞、悬挑板、挑檐等，输入荷载后软件能够自动导算荷载，把工程三维模型转化为三维有限元模型，通过有限元计算结果进行配筋，最后输出工程人员需要的计算结果。

ABAQUS 是国际上最先进的有限元软件之一，具备分析复杂工程问题的能力，另外 ABAQUS 提供了显式求解器，效率较高，但是 ABAQUS 的 CAE 建模能力在对付复杂的工程模型时几乎只能靠手写 inp 来完成，其工程建模的效率非常低。若能把 SATWE 的有限元模型以及配筋导入 ABAQUS 中，结合两者的优势，是十分必要的，同时在前处理软件中还能嵌入地震波的选取，这样能大大提高整体结构弹塑性分析的效率。

## 4.2　前处理软件 SAT2M 功能介绍

### 4.2.1　软件介绍

该软件可以将 SATWE 结构计算模型数据转换为 ABAQUS 有限元计算软件接口数据，也可以转换为 SAP2000、ETABS、MIDAS、ANASYS 等其他有限元计算软件接口数据，本章重点介绍 SATWE 软件与 ABAQUS 软件间的数据转换。

SATWE 软件是由中国建筑科学研究院建筑工程软件研究所开发的用于建筑结构专业的高层结构计算的专用计算机软件，现已成为国内建筑结构设计主流软件之一，但该软件并未实现与国际知名通用有限元计算软件如 SAP2000、ETABS、MIDAS、ANASYS、ABAQUS 等的计算数据共享。对于复杂的高层建筑，《建筑抗震设计规范》GB 50011-2010 要求使用两个力学模型不同的计算机软件进行计算，鉴于国内的计算软件与国际知名有限元软件水平的差距，往往需要对高层结构进行进一步深入分析（如利用 ANASYS、ABAQUS 强大的弹塑性功能继续进行动力弹塑性时程分析）。对于一个高层建筑结构来说，其结构计算所需要的数据浩瀚如海，如果要人工重新输入原始数据，其工作量非常繁琐且易出错，这一瓶颈制约了我国高层结构计算利用国外先进有限元分析软件的应用水平。因此，选定 SATWE 软件向 ABAQUS 转换数据功能作为本研究的前处理模块，并采用 Basic 语言进行开发。

### 4.2.2 软件功能

该软件的功能具体如下：

（1）将 SATWE 结构计算模型数据转换为 ABAQUS 有限元计算软件接口数据，也可以转换为 SAP2000、ETABS、MIDAS、ANASYS 等其他有限元计算软件接口数据文件。

（2）真实完整的模型转换，包含了剪力墙，各种截面类型和材料的梁、柱和斜杆，包含了梁柱墙的偏心、层间梁、刚性梁及各种梁柱的连接状态。

（3）完整的荷载，包含恒活载及风荷载，且风荷载的作用位置选择在结构的迎风面和背风面的柱端节点上，自动施加地震工况作用，自动计算节点质量。

（4）自动划分有限元网格，对结构楼板梁等可根据用户要求自动划分有限元网格长度，提高了分析精度，并且处理了划分单元后的梁上荷载。

（5）对重要构件如转换梁等可改用板壳模型，楼板和剪力墙可选用厚板或薄板。

（6）根据 SATWE 计算结果，按照目标软件（如 ANASYS、ABAQUS）要求，对构件（梁、柱、墙）配置了钢筋。

（7）根据需要，区分主次梁、转换梁等，实现不同的计算精度和分析结果要求。

（8）提供 100 多条地震波库，可为 ABAQUS 计算提供地震波数据及地震波选择功能，如可以提供地震波的反应谱对比等。

（9）可以较简单地选择钢筋和混凝土的本构计算模型。如混凝土可选择弹性模型、弹塑性模型、单轴损伤模型、重复损伤模型和能量法损伤模型。

### 4.2.3 软件用户界面

图 4.1 所示为 SAT2M 软件运行界面，其中图 4.1（a）为软件启动界面，图 4.1（b）为软件的 ABAQUS 参数选择界面，图 4.1（c）为软件的地震波选择界面。

（a）软件启动界面

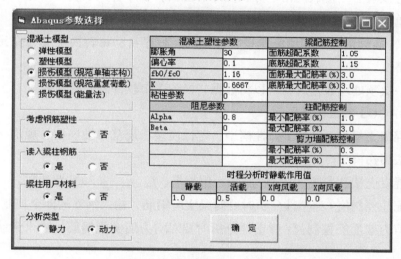

（b）ABAQUS 参数选择界面

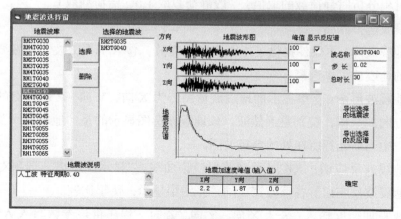

（c）地震波选择界面

**图 4.1　SAT2M 软件界面**

#### 4.2.4　软件使用说明

（1）需要提供 SATWE 软件运行的工程目录，本软件自动提取相关文件，需要的文件为 strut.sat、load.sat、sat_def.pm、load.sat、wind.sat、wpj*.out。生成的接口在同一文件夹下，文件名为 strut10.inp。

（2）本软件一直跟踪 PKPM 各版本的修改，各版均可跟踪并正常转换。

（3）"墙沿竖向细分"复选框勾选时，程序将剪力墙在竖向划分为三段，并且对应的柱也划分相应的节点，不勾选则墙在竖向为一段。

（4）"洞口顶墙转化为梁"复选框在 SATWE 中墙开洞后，洞顶为墙的一部分，勾选时，剪力墙洞口转化为梁。

（5）"是否转换楼板"复选框只有在 SATWE 中作弹性楼板计算时才可选择转换楼板。勾选该项后，楼板网格划分长度才有意义，程序将大块的楼板分成指定长度的三角形板单元，对应的柱也划分相应的节点。

（6）"转换梁用壳元模型复选框"勾选时，程序自动将转换梁变为壳元模型，以提高计算精度。

（7）一次预处理数据后，可以将数据转换为多个软件需要的数据。

在 ABAQUS 参数选择界面：

（1）混凝土模型：包含了弹性模型、塑性模型、规范单轴模型、规范往复荷载模型和能量法损伤模型。

（2）混凝土塑性参数：包含膨胀角、偏心率、$f_{b0}/f_{c0}$、$K$ 和黏性参数。

（3）配筋控制值：弹塑性分析时要对梁实配钢筋，输入钢筋的四个控制值。

（4）剪力墙配筋控制值：弹塑性分析时要对剪力墙实配钢筋，输入钢筋的两个控制值。

（5）时程分析时静荷载的取值：一般静荷载取 1.0、活荷载取 0.5、风荷载取 0。

在地震波选择界面：

（1）地震波库：本软件提供了 100 多条地震波，包含了人工波、天然波以及不同场地类型的地震波可供选择。

（2）地震波形图：这里显示的地震波形图分为 X 向、Y 向、Z 向，有的地震波可能缺某个方向波数据，特别是天然波。该地震波形图显示的是"地震波库"或"选择的地震波"中当前光标所在处的地震波图。

（3）地震波反应谱：该栏显示规范反应谱曲线、"显示反应谱"选项对应的地震波方向的地震波反应谱。各反应谱在同一张图中显示，便于比较。

（4）地震加速度输入：分为 X 向、Y 向、Z 向，程序将该参数写入 ABAQUS 数据文件中。

### 4.2.5　数据转换文件规定

（1）框架截面定义：

①类型：BM/CL/BR 代表梁 / 柱 / 支撑。

②材料：C20/C25/C30/C35/C40/.../Q235/Q335 代表混凝土等级或钢等级，根据构件定义修改。

③截面形状：C 代表圆形、I 代表工字形、P 代表环形。SD-GBI 和 SD-YBI 代表内配工字钢的构造边缘构件和约束边缘构件、SD-GBC 和 SD-YBC 代表内配槽钢的构造边缘构件和约束边缘构件、SD-GBL 代表内配角钢的构造边缘构件、SD-GBH 代表内配 H 型钢的构造边缘构件，其他不能转换的截面用 U 代表。

（2）墙截面定义用 W 表示。

（3）剪力墙上荷载采用传递到两端的方法施加。

（4）将 SATWE 的活载归为一种工况 LIVE。

（5）框架截面考虑矩形、工字形、圆形、环形和十字形型钢混凝土以及型钢。

（6）可以导入多塔结构、错层结构。

（7）边梁建立分组 EDGEBEAM 便于选择和指定中梁、边梁刚度放大系数。

（8）墙肢、连梁设计标记用于设计和便于选择。

## 4.3　前处理软件 SAT2M 的实现

### 4.3.1　有限元模型的转换

在 PKPM 建模平台中有楼层、梁、柱、楼板等工程概念，易于为工程人员理解和使用，即使工程人员不精通有限元技术也能很好地使用软件。工程建模可在 PKPM 中完成，按照建筑专业设计图进行梁、柱、墙等结构构件的布置和输入荷载等，最终完成楼层乃至整个大楼的模型组装。SATWE 中可通过参数控制网格的划分方式及疏密，以及刚性楼板、弹性楼板等的输入。在 SATWE 中可方便地对钢筋混凝土结构进行内力分析、配筋计算，得到工程中的计算配筋，该配筋方案将作为模型的一部分导入 ABAQUS 计算模型。工程实际中,配筋是非常复杂的,梁柱有纵向主筋和横向箍筋；墙除了水平筋和竖向筋外，还有边缘构件配筋，在剪力墙中，这部分配筋占很大比例，也需要作为钢筋的一部分加入有限元分析模型中。

1. 杆系单元转换

杆系单元包括梁、柱和支撑。在 ABAQUS 中有多种单元选择，比如杆单元有 T2D3、T3D3，梁单元有 B31、B32、B33 等，软件分层读取各层的杆系构件然后统一编号，按用户指定的杆系类型转换构件。

**2. 墙单元的转换**

在 ABAQUS 中墙可供选择的单元有 S4、S4R、S8R。在 SATWE 中墙单元在水平向的节点间距按照用户输入参数控制，但水平向未划分节点，如果不作处理则会造成竖向网格间距过大、单元畸形等问题而影响计算精度，因此转换软件对于剪力墙在墙中间无条件增加两个节点，从而保证了节点的连续协调，如图 4.2 所示。

**图 4.2　转换软件中剪力墙网格划分示意图**

**3. 截面转换**

普通的截面形式，比如矩形、箱形、圆形、圆管、工字形等在两个软件中都可以定义，但有些特殊的截面形式在 ABAQUS 中难以表达。在高层建筑结构中，劲性混凝土截面用得较多，在转换程序中，对于劲性混凝土截面可将其拆成混凝土和型钢两部分，分别用梁单元形成，再通过两端节点的耦合近似模拟劲性混凝土构件。

**4. 质量转换**

在工程中，质量除了结构构件本身的自重外，还有外加恒载和活载的准永久部分的等效质量。在形成质量矩阵时外加恒载和活载占很大成分，因此，在质量转换时，除了赋予构件本身分布质量外，还要把外加恒活载转换到构件节点上，按照节点质量（IcElement，type=mass 和 *Mass）施加上去。

**5. 荷载转换**

构件的自重在 ABAQUS 中通过质量分布密度自动计算，这往往在分析的第一步中完成，而外加恒载和活载可在后一个分析步中施加。可把 SATWE 中的各种形式梁荷载等效转换为梁上均布荷载（*Dload），柱上荷载和墙上荷载可转换为节点荷载（*Cload）施加到相应的节点上。地震作用需另建分析步模拟。

**6. 钢筋转换**

在 ABAQUS 中，模拟钢筋一般采用关键词 *rebar 和 *rebar layer，但在实际工程大量的钢筋采用这两种形式添加比较麻烦，也大大增加了计算量。若对于钢筋混凝土梁、柱、支撑钢筋采用 rebar 来描述，需要定义大量的 rebar，而确定钢筋的具体位置是一个难点。因此，分析梁、柱等构件时，须对钢筋进行简化。梁的配筋主要在边缘上、下部分，可用工字钢近似模拟，工字钢截面尺寸还大致反映钢筋的布置；柱的配筋在周边，且对边相同，类似地可用箱形钢近似模拟；边缘构件性质与柱相似，可用箱形钢模拟，如图 4.3 所示，剪力墙的水平筋和竖向筋则可用关键词 *rebar layer 铺钢筋层来模拟。

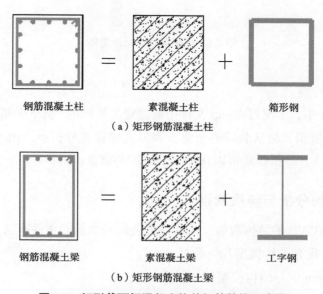

图 4.3　矩形截面钢混凝土构件钢筋转换示意图

### 7. 材料转换

在 PKPM 中材料只能使用程序内嵌的，在 ABAQUS 中材料定义是开放性，可以通过参数定义得到各种性能材料，也可通过 VUMAT 实现各种弹塑性材料本构。

### 8. 楼板转换

通常情况下，楼板的平面内刚度是非常大的，一般按照刚性楼板假定来参与结构整体计算，例如 SATWE。如果仅作弹性分析，在 ABAQUS 中也采用刚性假定模拟楼板，即把同属一个刚性楼板节点的面内自由度归并到一个节点上，在 ABAQUS 中软件可通过 *Coupling 和 *KinematiC 组合模拟。

SATWE 中弹性板的数据在文件中是通过大板的周边节点来描述板的形状，在本软件中必须将其转换为由多个三角形单元拼合而成的大板，因此采用了网格对楼板进行了剖分，便于有限元的弹塑性分析，如图 4.4 所示。

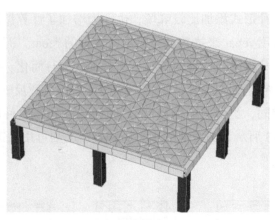

图 4.4　楼板网格划分示意图

9.分析工况转换

在 ABAQUS 中，工况可在 inp 文件中通过定义不同的 *Step 分析步来模拟。转换中形成了模态分析步、恒活载静力求解步和显式弹塑性分析步。由于 ABAQUS 中分析步控制比较灵活，分析步还可以任意手动添加和修改。

### 4.3.2　数据结构分析与转换流程

用来描述 SATWE 的结构数据、荷载数据及配筋数据的文件有以下几个：

（1）strut.sat 保存结构模型几何数据。

（2）sat_def.pm 保存结构模型控制数据。

（3）load.sat 作用于结构的荷载数据，包括恒荷载、活荷载。

（4）wind.sat 作用于结构的风荷载数据。

（5）wpj*.out 按楼层分文件保存构件配筋信息。

SATWE 的模型数据结构主要按照工程结构的形式包含：总信息、截面信息、节点信息、构件信息，SATWE 的配筋数据则对应到相应的梁柱墙构件上，以下简要介绍其数据格式。

节点：No（节点编号）、M（所属层号和塔号）、X、Y、Z（坐标值）。

截面：No、（截面编号）、Kind（截面类型）、B、H、T、U、F、D 等（各种截面形式参数）。

梁：No（梁本层编号）、NBL（梁左下节点号）、NBR（梁右上节点号）、ISEC（梁截面编号）、IE（梁两端连接标志）、RB（弧梁矢高）、AW（梁截面转角）。

柱：No（柱本层编号）、NCU（柱上节点号）、NCD（梁下节点号）、ISEC（柱截面编号）、IC（柱两端连接标志）、KE（柱错层标志）、AW（柱截面转角）。

支撑：No（支撑本层编号）、NCU（支撑上节点号）、NCD（支撑下节点号）、

ISEC（支撑截面编号）、IC（支撑两端连接标志）、KE（支撑错层标志）、AW（支撑截面转角）。

墙元：No（墙元编号）、KL（水平出口节点数）、KH（竖向出口节点数）、KW（材料）、TW（墙厚度）、RW（弧墙矢高），B、H（洞口参数），ID（各个节点编号）。

inp 文件是 ABAQUS 命令接口文件，包含了模型中单元和节点、单元性质，定义材料等有关说明模型自身的数据，以及模型的组装等信息。inp 文件同时也可包含结构的操作和历史数据，即事情的进展、模型响应的荷载。历史被分成一系列的时步层序，每一步就是一个响应（静态加载、动态响应等），时步的定义包括过程类型（比如静态应力分析，瞬时传热分析等）、对于时间积分的控制参数或者非线性解过程，加载和输出要求。ABAQUS 中没有工程概念，只有杆单元、梁单元、壳元等概念，在其 inp 输入文件中，有限元模型用到的各种信息采用自由格式，以各种关键字来引导。ABAQUS 模型的描述主要通过节点、单元、集合等信息，因此，将其归类为以下数据结构：

Node { 节点

int No 节点编号

int M 个位为刚性楼板数，十位为塔数，十位以上为层数

float X \ Y \ Z 坐标 }

Elem { 梁单元、杆单元

int No 总编号，所有构件编号

int IST 层号

int First 第一个节点编号

int Mid 杆件中间节点编号，用于二次单元定义

int Last 第二个节点编号

int Direc 方向点编号

int SectNo 截面编号

int Link；连接标志：11 两端刚接，12 J1 铰接，13 J2 铰接，14 两端铰接

float RB 弧梁的矢高

float AW 梁截面主轴方向的转角

float Ast 梁：上部压筋；柱：上、下侧钢筋

float Asb 梁：下部部拉筋；柱：左、右侧钢筋

float As 全截面钢筋面积

float Asv 非加密去箍筋 }

Shell{ 壳单元

int No 总编号，所有构件编号

int IST 层号

int mt 类别：=1 左墙柱；=2 右墙柱；=3 下墙梁；=4 上墙梁：=5 洞口

int et =2：三角形单元；=1：四边形；=O：直线

int pt[4] 四个节点

float RB 弧墙的矢高

float WT 厚度

float Asw 墙竖向筋

float Aswh 墙水平筋

float As 全截面钢筋面积

以下给出 inp 文件的实例如下：

*Heading

*Preprint，echo=NO，model=NO，history=NO，contact=NO

*Part，name=Part-All

*End Part

** *ASSEMBLY*

*Assembly，name=Assembly

**

*Instance，name=Part-All-1，part=Part-All

** *定义节点*

** *以下为全楼节点坐标，格式：节点编号，x，y，z*

*Node

1，-14.3136，4.14354，0

2，-14.3136，10.1435，0

……

** *以下为梁单元关联号，格式为：梁号，左节点号，右节点号*

*Element，type=B31（*定义梁的类型为 B31*）

1，36，44

2，44，52

……

** *以下为柱单元关联号，格式为：柱号，左节点号，右节点号*

43，36，1

44，44，9

……

*Elset，elset=R30x60BC25-1

** 以下为梁单元集（*按截面 - 材料划分*）

1，2，3，4，7，8，11，12，13，14，

*Elset, elset=R50x50CC25-3

** 以下为柱单元集（*按截面 - 材料划分*）

43，44，45，46，47，48，49，50，51，52，

*Elset, elset=R30x30CC25-4

** 以下为斜杆单元集（*按截面 - 材料划分*）

79，80，81，82，83，84，85，86，87，

**4 节点减缩积分壳单元，格式：单元号，节点 1 编号，节点 2 编号，节点 3 编号，节点 4 编号

*Element, type=S4R

** 以下为墙的关联号，格式为：墙号，角点编号

88，4，2，28，64

*Elset, elset=WH200WC25

** 以下为墙单元集（*按截面 - 材料划分*）

88，89，90，91，92，93，94，95，96，97，

** 以下输出梁配筋等效工字形截面单元关联号

*Element, type=B31

250，36，44

** 梁配筋单元集

*Elset, elset=Beam_Rebar250

 250

** 以下输出柱配筋等效箱形截面单元关联号

*Element, type=B31

292，36，1

** 柱配筋单元集

*Elset, elset=R50x50-563&563

1，2，3，4，5，6，7，8，9，10，

** 以下输出梁配筋等效工字形截面尺寸

*Beam Section, elset=Beam_Rebar250, material= BeamRebar_Grade, temperature=GRADIENTS, section =I

0.270000，0.540000，0.240000，0.240000，0.002250，0.002250，0.0001

0，0，1

** 以下输出柱配筋等效箱形截面尺寸

*Beam Section, elset=R50x50-563&563, material= ColRebar_Grade, temperature=GRADIENTS, section =BOX

0.440000, 0.440000, 0.001280, 0.001280, 0.001280, 0.001280

1, 0, 0

** *构件截面输出*

*Beam Section, elset=R30x60BC25-1, material=C25, temperature=GRADIENTS, section =RECT

.6, .3

0, 0, 1

*End Instance

*Element, Type=Mass, elset=PMass36（*定义节点质量集*）

9, 36

*Element, Type=Mass, elset=PMass37

10, 37

*Mass, elset=PMass36（*定义节点质量*）

10.93284

*Mass, elset=PMass37

20.51255

*End Assembly

** *钢筋材料属性输出*

*Material, name=BeamRebar_Grade

*Elastic

2.0e+8, 0.3

*plastic

0          0

0          0.01

*Density

0

*Material, name=C25

*Concrete

6.66E+06 0.00000

1.17E+07 0.00050

1.58E+07 0.00075

1.96E+07 0.00100

2.12E+07 0.00120

2.33E+07 0.00140

2.42E+07 0.00170

2.50E+07 0.00200

2.42E+07 0.00230

2.33E+07 0.00260

2.21E+07 0.00280

2.00E+07 0.00300

*Failure Ratios

1.18，0.1，1.25，0.2

*Tension Stiffening

1.，　0.

0.，0.0005

*Density

2.5

*Elastic

2.80E+7，0.2

*Nset，Nset=RESTRAINT1，Instance=Part-All-1（定义约束节点）

1，2，3，4，5，6，7，8，9，10，

11，12，13，14，15，16，17，18，19，20，

21，22，23，24，25，26，27，

*Boundary

RESTRAINT1，ENCASTRE

** 定义分析步

** STEP：Step-1

** 定义反应谱（加速度谱，单位 g）

*spectrum，name=spec，g=9.8，type=g

** 格式幅值，频率，阻尼比

0.036000，0.000000，0.05

** 进行频率分析时先进行模态分析，再进行反应谱分析

*Step，name=Step-1，perturbation

*Frequency，eigensolver=Lanczos，acoustic coupling=on，normalization=displacement，number interval=1，bias=1.

10，，，，，

```
** OUTPUT REQUESTS
*Restart, write, frequency=0
** FIELD OUTPUT: F-Output-1
*Output, field, variable=PRESELECT
*End Step
** STEP: Step-2
*Step, name=Step-2, perturbation
*Response spectrum, sum=SRSS
spec, 1, 0, 0, 1
*Modal Damping
1, 10, 0.05
** OUTPUT REQUESTS
** FIELD OUTPUT: F-Output-2
*Output, field, variable=PRESELECT
** HISTORY OUTPUT: H-Output-1
*Output, history, variable=PRESELECT
*End Step
*Step, Name=DD
*Static
1., 1., 1e-05, 1.
*Cload, Op=New（施加恒载）
2, 3, -1.37
4, 3, -2.75
*Dload, Op=New
1, PZ, -8.25
2, PZ, -8.25
*Restart, write, frequency=0
*Output, field, variable=PRESELECT
**
*Output, history, variable=PRESELECT
*End Step
*Step, Name=WX
*Static
1., 1., 1e-05, 1.
```

*Cload，Op=New

*Dload，Op=New

*Restart，write，frequency=0

*Output，field，variable=PRESELECT

*Output，history，variable=PRESELECT

*End Step

*Step，Name=WY

*Static

1.，1.，1e-05，1.

*Cload，Op=New

*Dload，Op=New

*Restart，write，frequency=0

*Output，field，variable=PRESELECT

*Output，history，variable=PRESELECT

*End Step

图 4.5 所示为 SAT2M 软件开发的模型数据转换流程图。

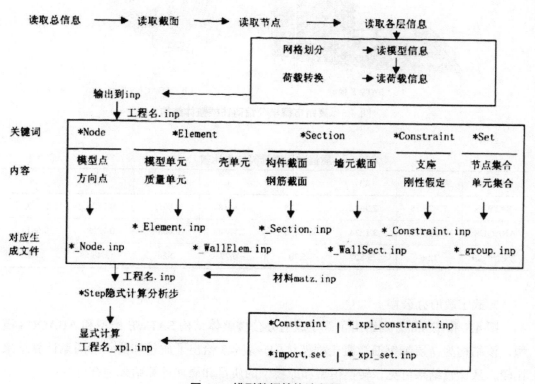

**图 4.5　模型数据转换流程图**

## 4.4 SAT2M 软件功能验证

以上介绍了 SAT2M 软件相关功能和开发流程，以下介绍应用 SAT2M 软件转换的几个 ABAQUS 模型的周期计算结果的对比情况。

1. 广东省惠州市德丰公馆商住楼

图 4.6 分别给出了广东省惠州市德丰公馆商住楼整体结构 SATWE 模型和 ABAQUS 模型，表 4.1 给出了质量和前六阶周期计算结果比较，从比较结果可见，转换模型和原模型的质量和周期计算结果吻合良好。

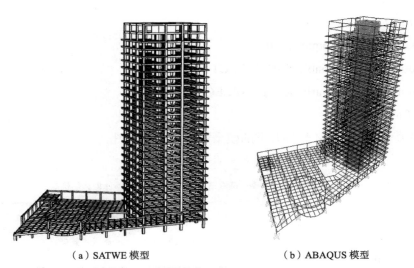

（a）SATWE 模型　　　　　　　　（b）ABAQUS 模型

**图 4.6　惠州市德丰公馆商住楼整体结构**

质量和周期计算结果比较　　　　　　　　表 4.1

| 软件 | 质量（t） | T1 | T2 | T3 | T4 | T5 | T6 |
|---|---|---|---|---|---|---|---|
| SATWE | 57423.23 | 2.9422 | 2.5623 | 2.3438 | 0.8015 | 0.7706 | 0.6434 |
| ABAQUS | 58550.13 | 3.1234 | 2.7173 | 2.3258 | 0.8036 | 0.7898 | 0.6614 |
| 差值（%） | 1.96 | 5.80 | 5.70 | −0.77 | 0.26 | 2.43 | 2.72 |

2. 武宁政府办公楼

图 4.7 和图 4.8 分别给出了武宁政府办公楼整体结构 SATWE 模型和 ABAQUS 模型，该结构为 7 层纯钢筋混凝土框架结构，表 4.2 给出了质量和前六阶周期计算结果比较，从比较结果可见，转换模型和原模型的质量和周期计算结果吻合良好。

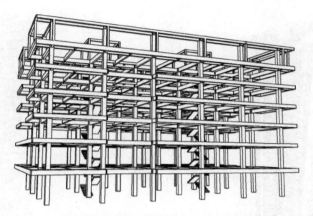

图 4.7 武宁政府办公楼 SATWE 模型

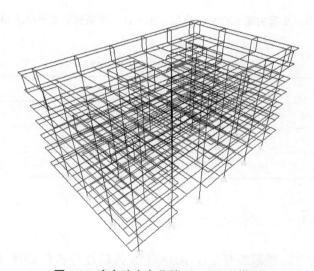

图 4.8 武宁政府办公楼 ABAQUS 模型

质量和周期计算结果比较 表 4.2

| 软件 | 质量（t） | T1 | T2 | T3 | T4 | T5 | T6 |
|------|----------|------|------|------|------|------|------|
| SATWE | 9012.7 | 1.5516 | 1.5222 | 1.4774 | 0.5033 | 0.5000 | 0.4859 |
| ABAQUS | 9188.5 | 1.5549 | 1.5271 | 1.4817 | 0.4993 | 0.4972 | 0.4749 |
| 差值（%） | −1.9 | −0.21 | −0.32 | −0.28 | 0.80 | 0.56 | 2.32 |

### 3. 某高层钢筋混凝土剪力墙

图 4.9 和图 4.10 分别给出了某高层钢筋混凝土剪力墙 SATWE 模型和 ABAQUS 模型，该结构为 32 层钢筋混凝土剪力墙结构，表 4.3 给出了模型质量和前六阶周期计算结果比较，可见转换模型和原模型的质量和周期计算结果吻合良好。

图 4.9　某高层钢筋混凝土剪力墙 SATWE 模型　图 4.10　某高层钢筋混凝土剪力墙 ABAQUS 模型

质量和周期计算结果比较　　　　　　　　　　　　表 4.3

| 软件 | 质量（t） | T1 | T2 | T3 | T4 | T5 | T6 |
|---|---|---|---|---|---|---|---|
| SATWE | 24649.20 | 3.7480 | 3.2848 | 2.9283 | 1.1552 | 1.0198 | 0.8375 |
| ABAQUS | 25192.23 | 3.9908 | 3.5887 | 3.1401 | 1.2014 | 1.0408 | 0.8795 |
| 差值（%） | 2.20 | 6.47 | 9.25 | 7.23 | 4.00 | 2.06 | 5.01 |

## 4.5　本章小结

　　基于 Basic 语言，课题组开发了 ABAQUS 弹塑性分析前处理软件，该软件可以将 SATWE 结构计算模型数据转换为 ABAQUS 有限元计算软件接口数据，也可以转换为 SAP2000、ETABS、MIDAS、ANASYS 等其他有限元计算软件接口数据，本章重点介绍 SATWE 软件与 ABAQUS 软件间的数据转换。

　　该三维整体结构弹塑性分析前处理软件，可方便地将工程中常用的 SATWE 模型转换为弹塑性分析 ABAQUS 模型，计算结果得到了相关工程模型数据的验证。

# 第 5 章　建筑结构弹塑性分析与试验结果的比较

　　为了验证本书第 2 至第 4 章的研究成果，本章主要介绍建筑结构中的构件、节点以及整体结构振动台试验结果与弹塑性分析结果的比较，本章不对构件的工作机理进行深入的研究，仅将弹塑性分析结果和收集到的试验结果进行比较，以充分说明基于 ABAQUS 软件进行构件和节点弹塑性分析计算的可靠性。

　　构件与节点分析的实例包括钢筋混凝土构件、钢管混凝土构件、型钢混凝土构件、型钢 - 钢管混凝土构件、钢管混凝土叠合柱构件、空腹箱形钢骨混凝土构件、钢筋混凝土剪力墙、矩形钢管混凝土 T 形节点以及钢管混凝土叠合柱 - 钢梁节点。整体结构振动台试验结果是由清华大学土木系提供的方钢管混凝土框架 - 核心筒结构的振动台试验结果。以下介绍时，仅介绍典型分析实例的建模要点和计算结果的对比情况。

## 5.1　构件和节点分析结果验证

### 5.1.1　构件

#### 1. 钢筋混凝土构件

　　在钢筋混凝土构件的有限元分析模型中有必要考虑钢筋和混凝土之间的粘结滑移关系。采用 ABAQUS 软件提供的弹簧单元 Spring2 来模拟钢筋与混凝土之间的接触性能，Spring2 是用来连接两个节点的弹簧单元，可以用一个常量来定义弹簧的刚度，也可以用力和位移的函数来定义弹簧的非线性性能。建模时将钢筋和混凝土节点用三个 Spring2 弹簧单元连接起来，以模拟钢筋和混凝土节点在三维空间中三个方向的接触性能。垂直于钢筋方向的两个弹簧单元用来模拟周围混凝土对钢筋的握裹力，可以将弹簧刚度取为一个大数，即假定钢筋和混凝土在垂直滑移方向是刚性连接，不存在垂直方向的滑移；而沿着钢筋轴向要考虑钢筋与混凝土之间的滑移，采用 Houde 和 Mirza（1974）模型来定义其粘结滑移本构关系。Houde 和 Mirza（1974）模型提出的粘结滑移本构关系模型的数学表达式如下：

$$\tau = (5.3 \times 10^2 s - 2.52 \times 10^4 s^2 + 5.86 \times 10^5 s^3 - 5.47 \times 10^6 s^4) \sqrt{\frac{f_c}{40.7}} \qquad (5.1)$$

式（5.1）中各参数的含义详见 Houde 和 Mirza（1974）文献。图 5.1 给出了钢筋混凝土柱有限元分析模型，图 5.2、图 5.3 给出了典型的钢筋混凝土柱和梁荷载 - 跨中挠度曲线理论计算值与试验值的比较，试件参数详见廖飞宇（2007）文献。

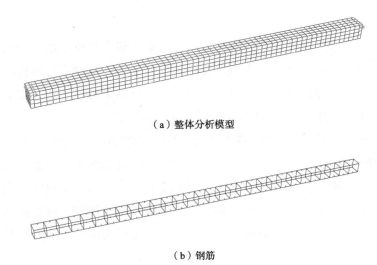

（a）整体分析模型

（b）钢筋

图 5.1    钢筋混凝土柱有限元分析模型

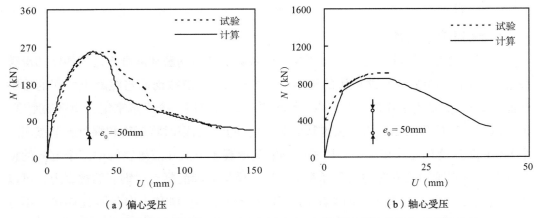

（a）偏心受压

（b）轴心受压

图 5.2    钢筋混凝土柱荷载（$N$）- 跨中挠度（$U$）曲线理论计算值与试验值比较

图 5.4 给出了典型的钢筋混凝土偏压构件达到极限承载力时，钢筋混凝土构件的整体变形情况、混凝土纵向应力分布云图和钢筋的应力情况。

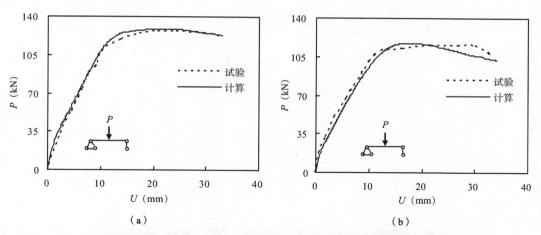

（a）　　　　　　　　　　　　　　　　（b）

图 5.3　钢筋混凝土梁荷载（$N$）- 跨中挠度（$U$）曲线理论计算值与试验值比较

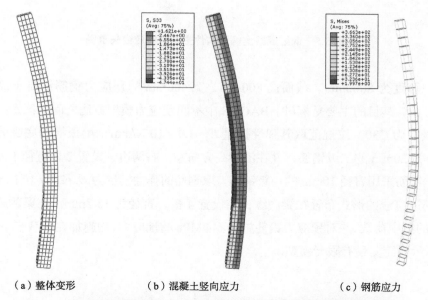

（a）整体变形　　　　　（b）混凝土竖向应力　　　　　（c）钢筋应力

图 5.4　钢筋混凝土偏压构件的整体变形情况、混凝土和钢筋的应力情况

　　分析模型中混凝土采用塑性损伤模型，当混凝土出现主拉塑性应变时即表示混凝土产生开裂，且裂缝方向垂直于主拉塑性应变，因此可以用主拉塑性应变近似反映混凝土的裂缝开展情况。图 5.5 给出了典型的钢筋混凝土偏压构件主拉塑性应变矢量图，从图中可近似反映其裂缝分布以及裂缝宽度情况。

　　当梁的跨度或荷载较大时，其变形和裂缝宽度可能无法满足正常使用要求，工程实践中经常采用预应力钢筋混凝土梁。因此如何对预应力钢筋混凝土梁的受力特性进行很好的模拟也是工程界关心的问题之一，本节拟通过一个预应力钢筋混凝土梁弹性分析的实例来介绍在 ABAQUS 软件中如何施加预应力。

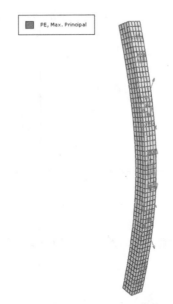

**图 5.5　钢筋混凝土偏压构件主拉塑性应变矢量图**

　　对一跨度为 8000mm、截面高 800mm、宽 400mm 的预应力钢筋混凝土简支梁进行弹性分析，其目的主要是探讨 ABAQUS 中不同预应力模拟方法之间的区别。混凝土强度等级取为 C30，按规范取其弹性模量 $E_c$=3.0×10⁴N/mm²；梁顶缘和底缘分别设置 4 根直径为 20mm 的二级钢筋，并在沿梁高方向左、右两边各设置 2 根直径 12mm 的二级钢筋，箍筋采用直径 10mm 的一级钢筋，取钢筋的弹性模量为 $E_c$=2.1×10⁵N/mm²，预应力钢筋以直线的形式布置在梁底缘，共设置 4 根，直径为 15.2mm。在梁的跨中施加 1200kN 的集中荷载，并对预应力钢筋施加 600MPa 的预应力，均施加在荷载步 step-1 中，图 5.6 所示为简支梁有限元模型。

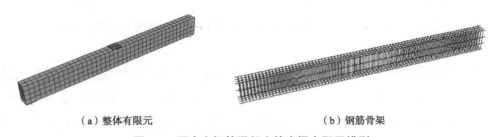

（a）整体有限元　　　　　　　　　　　　　（b）钢筋骨架

**图 5.6　预应力钢筋混凝土简支梁有限元模型**

　　对于混凝土采用实体单元 C3D20R，普通钢筋采用桁架单元 T3D2。边界条件为：约束梁一端的平动自由度，而另一端只约束竖向自由度。有限元模型中施加预应力常用的方法有降温法、初始应力法以及 rebar 施加初始应力法。

（1）降温法

降温法的工作机理就是通过设置材料的线膨胀系数，并对索单元进行降温，从而达到施加预应力的目的，所施加的温度荷载可以通过下式求得：

$$T = -\frac{N_{\mathrm{P}}}{E_{\mathrm{P}}\alpha A_{\mathrm{P}}} \tag{5.2}$$

式中　$T$——施加的温度；

$\quad\quad E_{\mathrm{P}}$——预应力钢绞线的弹性模量；

$\quad\quad \alpha$——材料的线膨胀系数；

$\quad\quad A_{\mathrm{P}}$——预应力钢绞线的面积；

$\quad\quad N_{\mathrm{P}}$——预加力的大小。

降温法可以在 ABAQUS-CAE 中进行操作，也可以用关键词如下：

*Initial conditions，type=Temperature

Element-set，values of the temperature

（2）初始应力法

初始应力法与降温法相类似，只是形式上有所不同，其实质是一样的，初始应力法即在预应力钢筋上施加初始预应力，其在 ABAQUS 中实现的关键词如下：

*Initial conditions，type=stress

Element-set，values of the stress

（3）rebar 施加初始应力法

rebar 施加初始应力法与上述两种方法不同，钢筋不是由杆单元模拟，而是通过创建一个具有钢筋属性的几何面，网格划分时选取几何面的单元种类为 surface，然后通过关键词 Initial conditions 及 prestress hold 实现，具体如下：

*Initial conditions，type=Stress，rebar

Element-set，rebar-name，values of the stress

*Prestress hold

Element-set，rebar-name

图 5.7 给出了计算结束时，不施加预应力荷载及用上述不同方法施加预应力荷载的竖向挠度云图，从图中可见，施加预应力有效减小了钢筋混凝土梁的挠度数值。

图 5.8 为与图 5.7 对应的沿跨度方向的竖向挠度曲线图。从图中可以看出，预应力的施加均使梁跨中的挠度减小，降温法和初始应力法所得到的预加力效果相同，而用 rebar 施加初始应力法所得到的有效预应力与降温法和初始应力法相比，其预加力效果要小。

虽然施加的预应力都是 600MPa，但在计算开始时，用降温法所得到的预应力是

0MPa，而初始应力法和 rebar 施加初始应力法所得到的预应力是 600MPa，这也反映出 rebar 施加初始应力法和初始应力法都相当于赋予预应力钢筋一种初始条件。

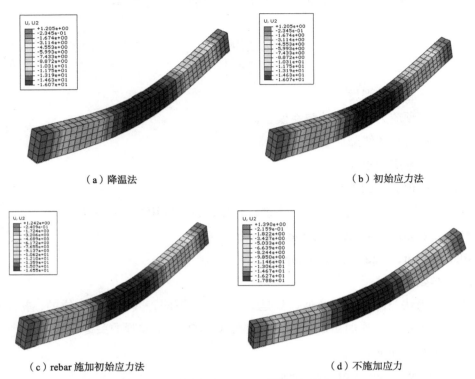

（a）降温法　　　　　　　　　　　　　　（b）初始应力法

（c）rebar 施加初始应力法　　　　　　　　（d）不施加应力

图 5.7　预应力钢筋混凝土梁的竖向挠度云图

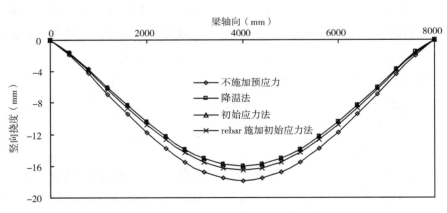

图 5.8　预应力钢筋混凝土梁的竖向挠度曲线图

图 5.9 所示为用上述不同方法施加预应力荷载，在计算结束时预应力钢筋的应力沿梁跨度方向的变化曲线。比较降温法和初始应力法，从中可以看出用降温法和初始应力法施加预应力所得到的预加力效果是相同的，这也再次印证了图 5.8 中所得到的

结果；而预应力钢筋的应力和初始施加的 600MPa 相比较，发生了变化。在跨中处，预应力钢筋的应力增大，而在梁端处，预应力钢筋的应力减小，而用 rebar 施加初始应力法施加预应力，即使在外荷载的作用下，预应力钢筋的预应力值维持不变。

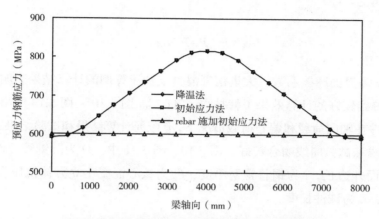

**图 5.9　预应力钢筋应力沿梁跨度方向的变化曲线**

通过 ABAQUS 软件对钢筋混凝土梁的预应力进行模拟，通过对所得到的预应力效果进行比较分析可知：用降温度法和初始应力法施加预应力时，所得到的预应力效果相同，相当于先张法，而 rebar 施加初始应力法相当于后张法。

以上介绍了 ABAQUS 软件在预应力钢筋混凝土梁中考虑钢筋预应力的几种方法，仅供参考。

2. 钢管混凝土构件

钢管混凝土构件由于钢管和混凝土两者之间的"共同工作、协同互补"，使得钢管混凝土构件具有承载力高、抗震性能好、施工方便等诸多优势，在工程实践中的应用越来越广泛，本书第一作者曾在博士论文中采用 ABAQUS 软件进行了钢管混凝土构件在复杂受力状态下的工作机理研究（尧国皇，2006；尧国皇和韩林海，2004a；尧国皇和韩林海，2004b），获得了较好的分析效果。钢管混凝土在压弯扭剪及其复合受力状态下的计算曲线和试验曲线进行了较为充分的比较，吻合较好，本书仅选取部分分析实例，以论证分析结果。

钢管与混凝土界面法线方向的接触采用硬接触，即垂直于接触面的压力 $p$ 可以完全地在界面间传递。对于钢管与混凝土界面切向模型，以往有两种定义方法：一是使用界面（或间隙）单元来模拟钢管与混凝土的界面摩擦力，将界面摩擦系数定为 0.25；二是在界面切向使用刚塑性弹簧单元，界面粘结力和摩擦力由于界面法向力的不同，对界面剪应力传递的贡献也不同，应综合考虑才能合理模拟界面性能。参考以往界面传力性能的研究成果，采用库仑摩擦模型来模拟钢管与核心混凝土界面切向力的传递：界面可以传递剪应力，直到剪应力达到临界值 $\tau_{\mathrm{crit}}$，界面之间产生相对滑动，此处计算中采用一个允许"弹性滑动"的罚摩擦公式，在滑动过程中界面剪应力保持为 $\tau_{\mathrm{crit}}$ 不变。界面临界剪应力 $\tau_{\mathrm{crit}}$ 与界面接触压力 $p$ 成比例，且不小于平均界面粘结力 $\tau_{\mathrm{bond}}$，即：

$$\tau_{\mathrm{crit}} = \mu \cdot p \geqslant \tau_{\mathrm{bond}} \tag{5.3}$$

式中，$\mu$ 为界面摩擦系数。大量钢管混凝土轴压算例的计算结果表明界面摩擦系数取 0.6 可得到较好的计算效果（韩林海，2007）。图 5.10 ~ 图 5.13 给出了典型的钢管混凝土构件在轴向荷载和偏心荷载情况下，有限元计算结果和试验结果的比较情况，可见计算曲线和试验曲线吻合较好。图 5.10、图 5.11 中，$D$ 为圆钢管截面外边长，$B$ 为方钢管截面外边长，$t$ 为钢管管壁厚度，$f_{\mathrm{cu}}$ 为核心混凝土立方体抗压强度，$f_{\mathrm{y}}$ 为钢管屈服强度，$L$ 为试件长度。

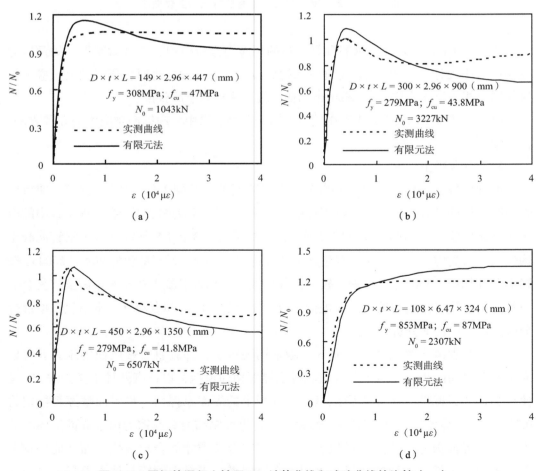

**图 5.10 圆钢管混凝土轴压 $N$-$\varepsilon$ 计算曲线和试验曲线的比较（一）**

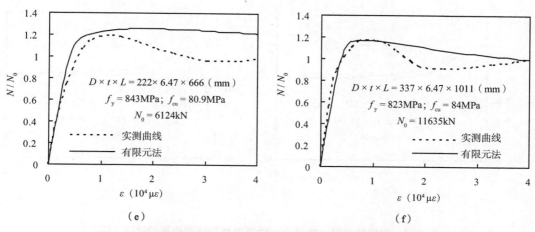

图 5.10　圆钢管混凝土轴压 $N$-$\varepsilon$ 计算曲线和试验曲线的比较（二）

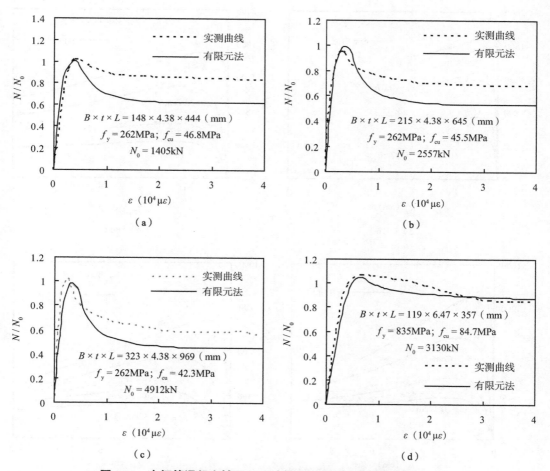

图 5.11　方钢管混凝土轴压 $N$-$\varepsilon$ 计算曲线和试验曲线的比较（一）

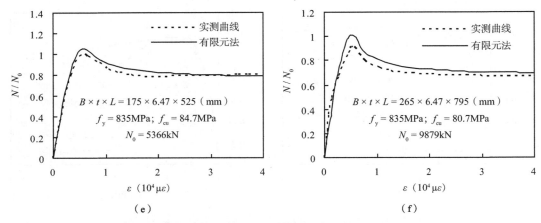

图 5.11　方钢管混凝土轴压 $N\text{-}\varepsilon$ 计算曲线和试验曲线的比较（二）

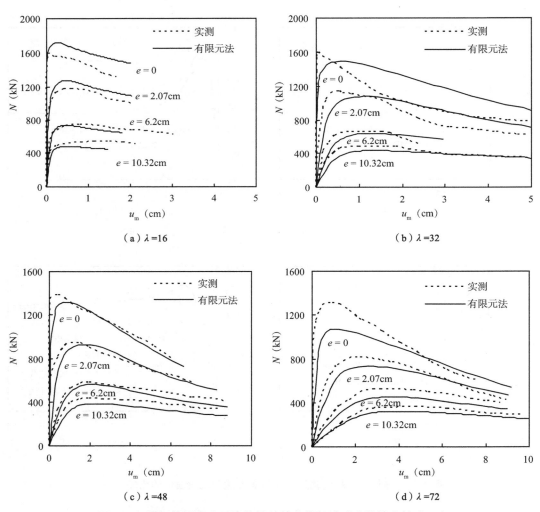

图 5.12　圆钢管混凝土压弯构件计算曲线与试验曲线的比较（一）

（$D \times t$ =165.2mm × 4.08mm，$f_y$ =353MPa，$f_{cu}$ =49.8MPa）

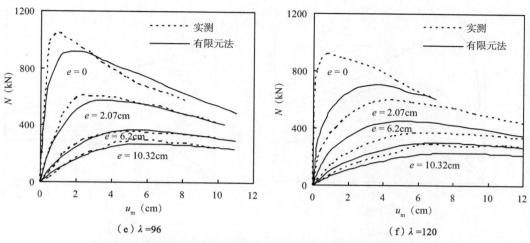

图 5.12　圆钢管混凝土压弯构件计算曲线与试验曲线的比较（二）

（$D \times t$ =165.2mm × 4.08mm，$f_y$ =353MPa，$f_{cu}$ =49.8MPa）

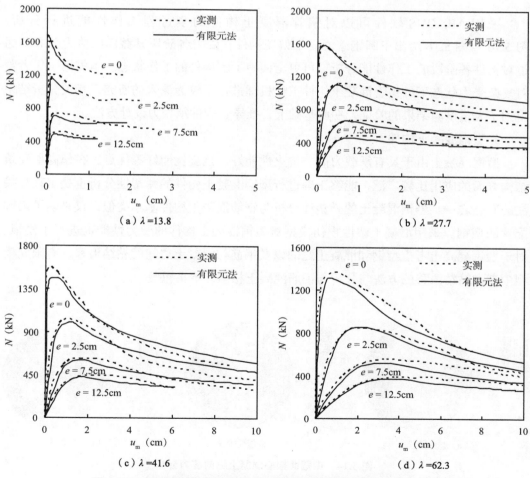

图 5.13　方钢管混凝土压弯构件计算曲线与试验曲线的比较（一）

（$B \times t$ =149.8mm × 4.27mm，$f_y$ =411.6MPa，$f_{cu}$ =33.9MPa）

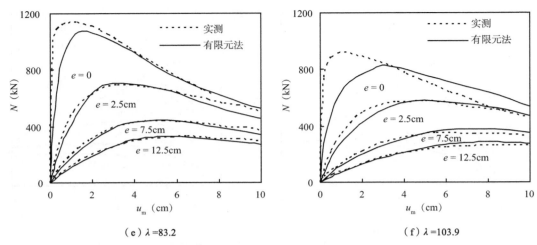

（e）$\lambda$=83.2　　　　　　　　（f）$\lambda$=103.9

**图 5.13　方钢管混凝土压弯构件计算曲线与试验曲线的比较（二）**

（$B \times t$=149.8mm$\times$4.27mm，$f_y$=411.6MPa，$f_{cu}$=33.9MPa）

采用 ABAQUS 软件可以对钢管混凝土构件的全过程工作性能进行分析，图 5.14 ～图 5.16 给出了圆钢管混凝土偏压构件在受力各阶段其截面的应力分布，通过对构件各阶段的工作性能分析，可更全面地了解构件的工作状态。本书第一作者曾对复杂受力状态下的钢管混凝土构件工作机理进行了较为深入的研究，相关分析结果得到了大量试验结果的验证，在此基础上，推导了构件承载力设计方法。

3. 型钢混凝土构件

型钢混凝土由于具有承载力高、抗火性能好、抗震性能好等优点，在超高层建筑结构方面的应用比较广泛，能够正确进行型钢混凝土构件的弹塑性分析也是工程界关注的问题之一。型钢混凝土的弹塑性分析与钢筋混凝土构件基本类似，仅是多了内部配置的型钢。采用混凝土塑性损伤模型对型钢混凝土构件的受力性能也进行了模拟。对于型钢混凝土考虑型钢和混凝土之间以及钢筋与混凝土之间的粘结滑移，有限元模型中考虑粘结滑移的方法与分析与钢筋混凝土相同，不再重复。

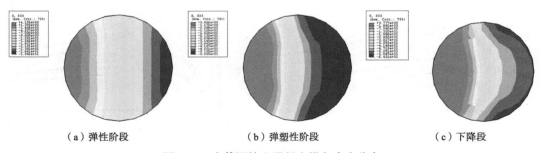

（a）弹性阶段　　　　　　　（b）弹塑性阶段　　　　　　　（c）下降段

**图 5.14　中截面核心混凝土纵向应力分布**

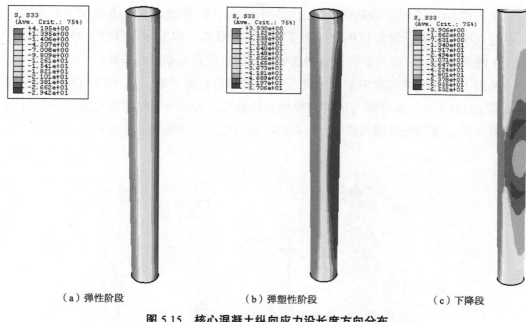

（a）弹性阶段　　　　　　　（b）弹塑性阶段　　　　　　　（c）下降段

**图 5.15　核心混凝土纵向应力沿长度方向分布**

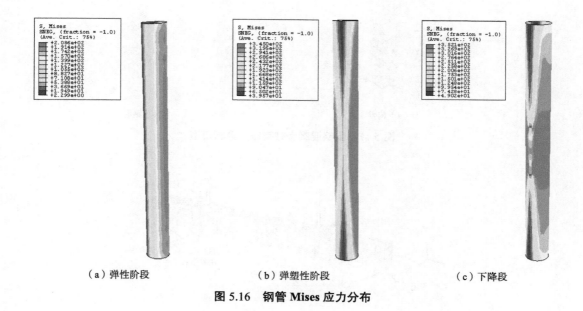

（a）弹性阶段　　　　　　　（b）弹塑性阶段　　　　　　　（c）下降段

**图 5.16　钢管 Mises 应力分布**

　　型钢和混凝土之间粘结滑移本构关系采用王祖华和钟树生（1990）提出的模型，其计算表达式如下：

$$\tau = 0.759 + 1.315s - 1.343s^2 + 0.14s^3 - 1.556s^4 \tag{5.4}$$

　　图 5.17 给出了典型的型钢混凝土柱的有限元分析模型。图 5.18 给出了典型的型钢混凝土梁有限元计算分析模型，为了节约计算资源，取实际构件的一半进行分析，在跨中截面施加对称边界条件，对加载处和支座处设置加载刚性垫块。

　　采用上述方法可对型钢混凝土梁受力性能进行计算分析，图 5.19 所示为型钢混凝土梁 ABAQUS 计算结果与试验结果的比较情况，可见计算结果与试验结果吻合良好。图中，$f_{yb}$ 为钢筋屈服强度，$f_y$ 为型钢屈服强度，$f_{cu}$ 为混凝土立方体抗压强度。

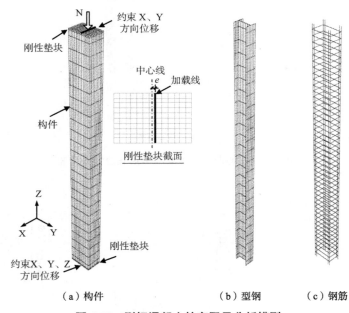

（a）构件　　　　　　（b）型钢　　　　（c）钢筋

**图 5.17　型钢混凝土柱有限元分析模型**

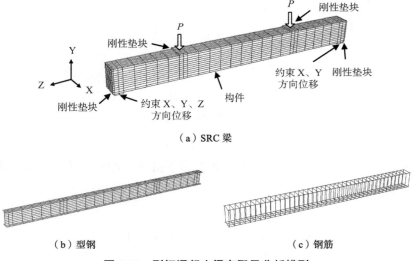

（a）SRC 梁

（b）型钢　　　　　　　　　　　（c）钢筋

**图 5.18　型钢混凝土梁有限元分析模型**

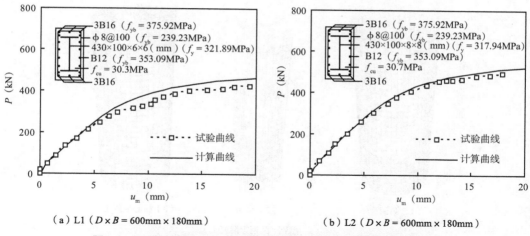

图 5.19　型钢混凝土梁计算结果与试验结果比较（廖飞宇，2007）

## 4. 型钢 - 钢管混凝土构件

随着建筑物高度和跨度的不断增加，柱子承担的轴力越来越大，而建筑物承重柱的设计是关系到建筑物在大震下是否倒塌的关键，这就要求在重载条件下，柱子不但要有足够的强度而且应有较好的延性。赵大洲（2003）、王清湘等（2003）、朱美春（2005）和王清湘等（2005）提出了一种新型的钢 - 混凝土组合结构柱，即型钢 - 钢管混凝土柱。型钢 - 钢管混凝土柱具有钢骨混凝土和钢管混凝土两种组合柱的优点，它具有较高的承载能力和良好的延性，尤其适合用作重载柱。因此，型钢 - 钢管混凝土柱具有广阔的工程应用前景。赵大洲（2003）和王清湘等（2003）进行了 8 个型钢 - 圆钢管混凝土轴压短试件和 6 个轴压长柱的试验研究，朱美春（2005）和王清湘等（2005）进行了 13 个型钢 - 方钢管混凝土轴压短试件和 8 个轴压长柱的试验研究，研究了这类新型组合构件的破坏过程及破坏形态，赵大洲（2003）和朱美春（2005）采用纤维模型法对其轴压荷载 - 变形关系曲线进行了计算，计算结果与试验结果吻合较好。

图 5.20 给出了典型的型钢 - 钢管混凝土组合柱中钢管、型钢和核心混凝土单元划分的示意图。钢管和混凝土接触面界面模型建立时，采用软件中 Contact Pair 命令，并利用元素集合，定义钢管和混凝土各自接触面（钢管为主控表面，混凝土为从属表面），并设置其有交互作用（交互作用的性质按上述描述进行设置），来模拟接触面分离及摩擦行为，并且定义为 Small Sliding 现象。型钢采用 ABAQUS 软件中的 Embedded Region 命令将其嵌入混凝土中，不考虑型钢与核心混凝土之间的滑移。

采用以上有限元计算模型，可较为方便地计算出型钢 - 钢管混凝土轴心受压短试件的轴力 - 纵向平均应变关系曲线。

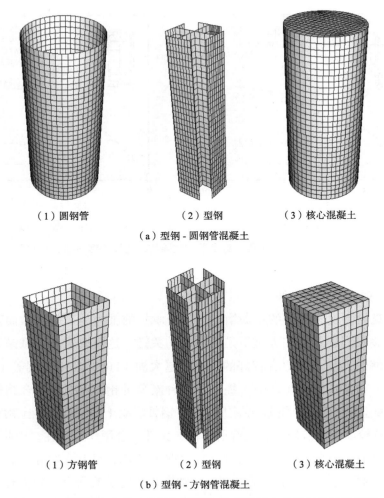

（1）圆钢管　　　　　　（2）型钢　　　　　　（3）核心混凝土

（a）型钢 - 圆钢管混凝土

（1）方钢管　　　　　　（2）型钢　　　　　　（3）核心混凝土

（b）型钢 - 方钢管混凝土

图 5.20　典型的组合柱中钢管、型钢和核心混凝土单元划分的示意图

　　图 5.21 分别给出了型钢 - 圆钢管混凝土和型钢 - 方钢管混凝土轴力 - 纵向平均应变关系曲线计算结果与赵大洲（2003）和王清湘等（2003）实测结果的比较，试件的具体参数如图 5.21、图 5.22 所示。其中，对于型钢 - 圆钢管混凝土：$D$ 为圆钢管截面外边长，试件编号中字母 A、B、C 代表管内型钢采用 I10 工字钢加工制作，字母 I 表示管内型钢为工字钢，字母 D 代表管内型钢采用 I12 工字钢加工制作；对于型钢 - 方钢管混凝土：$B$ 为方钢管截面外边长，$t$ 为钢管管壁厚度，$f_c$ 为核心混凝土棱柱体抗压强度，$f_y$ 为钢管屈服强度，$f_{yc}$ 为钢骨屈服强度，试件编号中数字 "10" 代表管内型钢采用 I10 工字钢加工制作，数字 "14" 代表管内型钢采用 I14 工字钢加工制作，字母 I 表示管内型钢为工字钢，其余为十字钢。$t$ 为钢管管壁厚度，$f_c$ 为核心混凝土棱柱体抗压强度，$f_y$ 为钢管屈服强度，$f_{yc}$ 为钢骨屈服强度，由图 5.21、图 5.22 可见，计算结果与试验结果吻合较好。

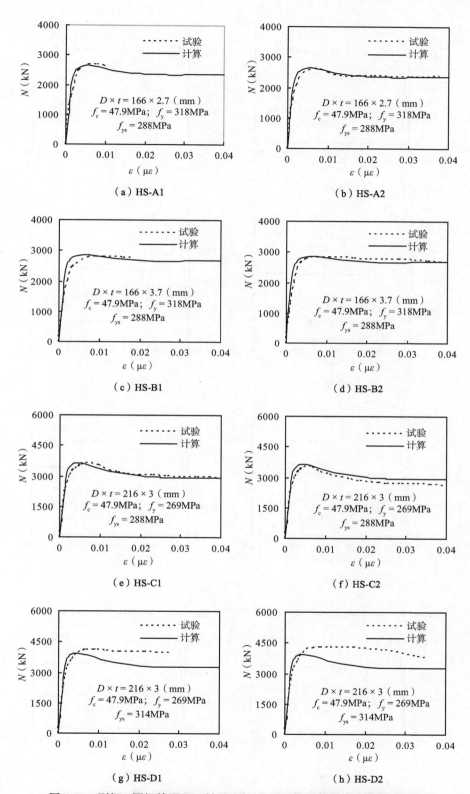

**图 5.21 型钢 - 圆钢管混凝土轴压短柱 N-ε 计算曲线和试验曲线的比较**

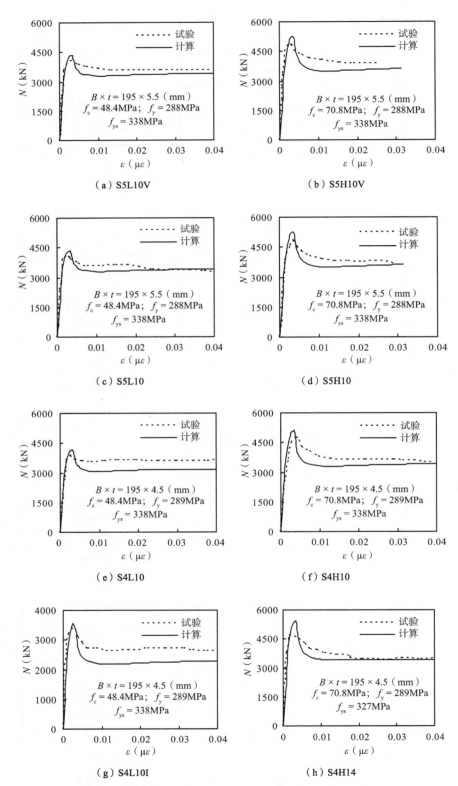

**图 5.22 型钢 - 方钢管混凝土轴压短柱 $N$-$\varepsilon$ 计算曲线和试验曲线的比较（一）**

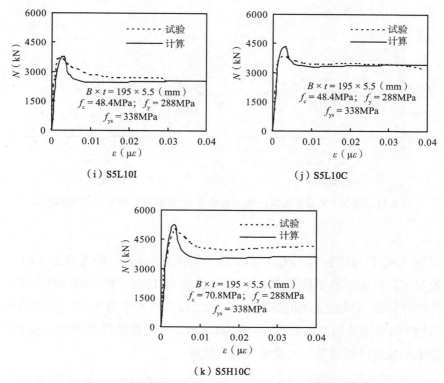

（i）S5L10I　　　　　　　　　（j）S5L10C

（k）S5H10C

**图 5.22　型钢 - 方钢管混凝土轴压短柱 $N$-$\varepsilon$ 计算曲线和试验曲线的比较（二）**

　　图 5.23、图 5.24 给出了本书有限元分析方法计算的型钢 - 钢管混凝土轴心受压长柱荷载 - 变形关系曲线计算结果与赵大洲（2003）、朱美春（2005）试验结果的比较，试件的参数如图 5.23、图 5.24 所示，$\lambda$ 为构件长细比，其他参数含义同图 5.21、图 5.22。从图 5.23、图 5.24 的比较结果可见，计算结果与试验结果吻合较好。

　　图 5.25 分别给出了以上数值计算方法计算的型钢 - 圆钢管混凝土和型钢 - 方钢管混凝土轴压承载力计算结果与试验结果的比较，可见对于轴压强度承载力，所有圆试

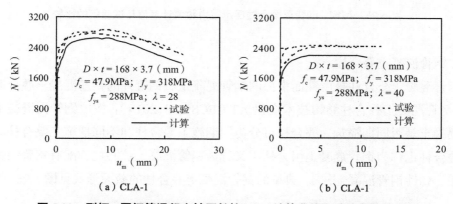

（a）CLA-1　　　　　　　　　（b）CLA-1

**图 5.23　型钢 - 圆钢管混凝土轴压长柱 $N$-$u_{\mathrm{m}}$ 计算曲线和试验曲线的比较**

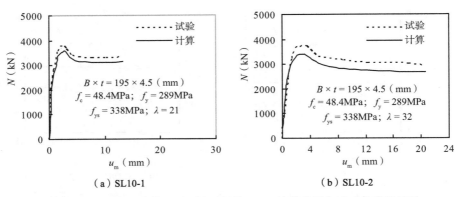

（a）SL10-1　　　　　　　　　（b）SL10-2

**图 5.24　型钢 - 方钢管混凝土轴压长柱 $N$-$u_m$ 计算曲线和试验曲线的比较**

件的计算值（$N_{uc}$）与试验值（$N_{ue}$）比值的平均值为 0.987，均方差为 0.035；方试件的计算值与试验值比值的平均值为 1.050，均方差为 0.036。对于轴压稳定承载力，所有圆试件的计算值与试验值比值的平均值为 0.932，均方差为 0.026；方试件的计算值 / 试验值比值的平均值为 0.926，均方差为 0.025。可见数值计算的轴心受压时型钢 - 钢管混凝土承载力计算结果与试验结果吻合较好。

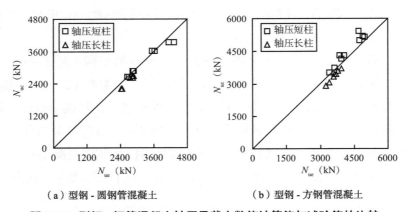

（a）型钢 - 圆钢管混凝土　　　　（b）型钢 - 方钢管混凝土

**图 5.25　型钢 - 钢管混凝土轴压承载力数值计算值与试验值的比较**

**5. 钢管混凝土叠合柱**

钢管混凝土叠合柱是由截面中部的钢管混凝土和钢管外的钢筋混凝土叠合而成的（见《钢管混凝土叠合柱结构技术规程》T/CECS 188–2019）。按照钢管内混凝土和钢管外混凝土是否同期浇筑，叠合柱可分为同期施工叠合柱和不同期施工叠合柱。同期施工叠合柱也称为钢管混凝土组合柱（又称为钢管混凝土核心柱、配有钢管的钢骨混凝土柱、劲性钢管混凝土柱）。典型的钢管混凝土叠合柱的截面形式见图 5.26。

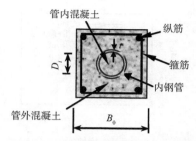

管内混凝土

纵筋

箍筋

内钢管

管外混凝土

**图 5.26　典型的钢管混凝土叠合柱的截面形式**

钢管混凝土叠合柱具有承载力高、刚度大、节点处理相对简单、良好的抗火性能和变形能力等诸多优点，在实际工程中得到较为广泛的应用，如辽宁省邮政枢纽大厦和深圳卓越·皇岗世纪中心项目。2005 年由中国工程建设标准化协会颁布的《钢管混凝土叠合柱结构技术规程》CECS 188：2005 对在实际工程中采用钢管混凝土叠合柱起到良好的指导作用，该规程在 2019 年由清华大学组织修订，新修订的规程编号为 T/CECS 188-2019。

图 5.27 给出了叠合柱有限元分析模型。计算时，在有限元计算模型加载端设置一刚度很大的垫块，模拟加荷端板，采用三维实体单元（C3D8R）模拟，其弹性模量取为 $1 \times 10^{12}$MPa，泊松比取为 0.0001。加荷端板与混凝土顶面采用法向硬接触进行约束，加荷端板与钢管用 ABAQUS 中 Shell to Solid Coupling 项进行约束。采用有限元法对收集到的叠合柱轴压荷载 - 变形关系曲线试验结果进行了验算（陈周熠，2002），如图 5.28 所示，可见计算结果与试验结果吻合较好。

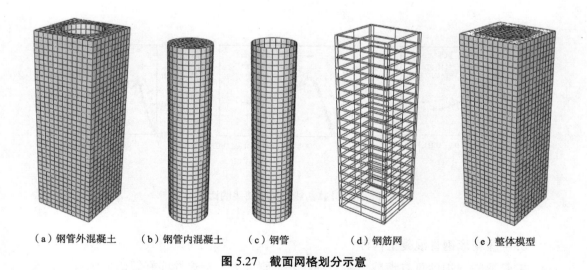

（a）钢管外混凝土　　（b）钢管内混凝土　　（c）钢管　　　　（d）钢筋网　　　　（e）整体模型

**图 5.27　截面网格划分示意**

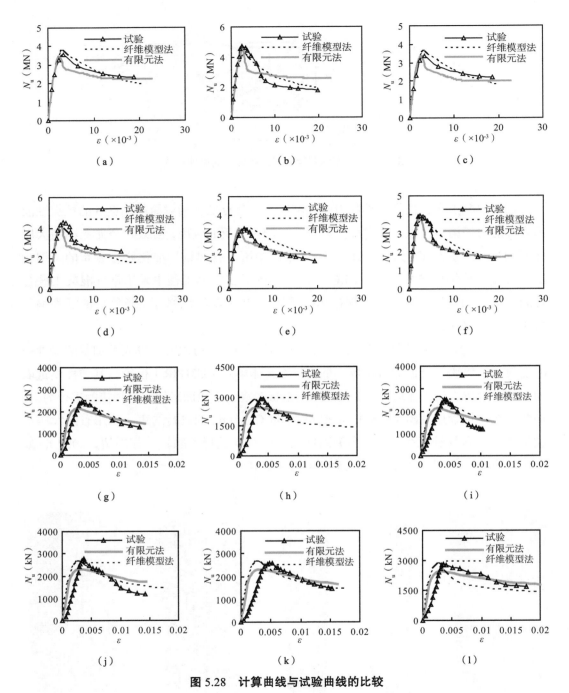

**图 5.28  计算曲线与试验曲线的比较**

### 6. 空腹箱形钢骨混凝土构件

钢骨混凝土构件具有承载力高、延性好、刚度大、抗火性能好等诸多优点，在实际工程中应用较为广泛。目前对于常规的工字形和十字形钢骨混凝土的研究报道已经比较多见，相应的计算理论也日趋完善，但对于采用空腹箱形钢骨混凝土（典型截面如图 5.29 所示）的研究尚少见报道。与普通的钢骨混凝土梁相比，空腹箱形钢骨混凝土能够获得更高的强度重量比，当用作逆作法水平支撑构件时，在混凝土未浇筑之前，空腹钢箱具有比普通钢骨更大的平面外刚度，施工时可减少支撑，加快施工速度，且钢箱内部中空，有利于管道和线路预埋。同时空腹箱形钢骨混凝土具有截面开展、抗弯刚度大、自重轻和防火性能好等特点，也适用于海洋平台支架柱和桥墩，因此这类构件具有很好的工程应用前景。

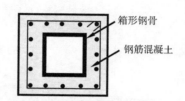

箱形钢骨

钢筋混凝土

**图 5.29　空腹箱形钢骨混凝土典型截面**

以往，陈星等（2009）进行了空腹箱形钢骨混凝土梁的试验研究，研究结果表明，这类构件具有较好的承载能力和延性。梁礼麟（2001）进行了 5 个空腹箱形钢骨混凝土纯扭构件滞回性能的试验研究，试验考虑的主要参数为截面尺寸和钢管外混凝土厚度，研究了这类构件耗能能力和刚度退化规律。但这类构件抗扭性能的理论分析少见报道，研究其抗扭性能有助于对这类构件在压、弯、扭复合受力状态下工作性能的了解。陈星等（2009）的研究成果为研究这类构件的性能提供了珍贵的试验数据，利用 ABAQUS 软件对空腹箱形钢骨混凝土构件在受扭矩作用下的荷载 - 变形关系曲线进行计算，计算结果与试验结果基本吻合，在此基础上，可对空腹箱形钢骨混凝土的纯扭构件工作性能进行分析。

钢管采用四节点减缩积分格式的壳单元（S4R），为满足一定的计算精度，在壳单元厚度方向，采用 9 个积分点的 Simpson 积分（缺省值为 5 个积分点）。钢筋选择 Truss 单元，采用 ABAQUS 软件中的 Embedded Region 命令将其嵌入混凝土中，不考虑钢筋与混凝土之间的滑移。混凝土均采用了八节点减缩积分格式的三维实体单元（C3D8R），虽然这种单元与其他高次等参单元相比，计算精度稍低，但却可以减少很多自由度，从而可以大大节省计算时间，从计算的经济性出发，混凝土采用 C3D8R 单元。单元网格采用细分网格的网格试验方法，确定合适的网格。

图 5.30 给出了空腹箱形钢骨混凝土构件的有限元分析模型。在对纯扭构件荷载 - 变形关系曲线进行计算时，采用一端自由、一端固定的边界条件。计算时，采用在非固定边界施加位移方式，并采用增量迭代法进行非线性方程求解。

采用以上有限元计算模型，可较为方便地对这类构件进行分析。图 5.31 给出了有限元计算的典型纯扭构件的变形云图。空腹箱形钢骨混凝土中钢管与空钢管两者的破坏模态有较大的区别，空钢管在纯扭状态下，在钢管内将产生沿钢管轴线成45°方向的主拉应力和主压应力，使得钢管管壁沿45°方向产生斜向凸曲，最终形成塑性铰而破坏，空腹箱形钢骨混凝土中的钢管由于外部钢筋混凝土的存在，表现出更好的塑性和稳定性，没有明显的屈曲现象。

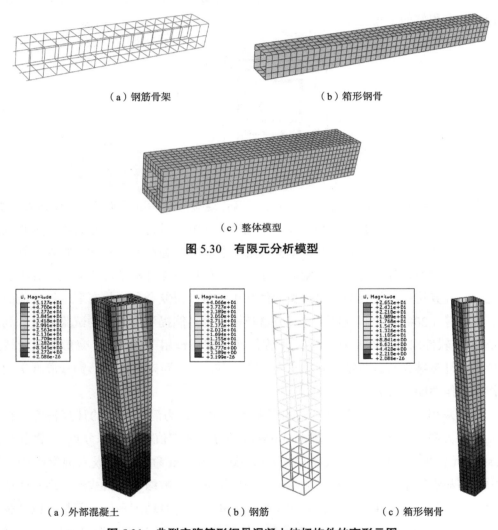

　　（a）钢筋骨架　　　　　　　　　　（b）箱形钢骨

（c）整体模型

**图 5.30　有限元分析模型**

　　（a）外部混凝土　　　　　（b）钢筋　　　　　（c）箱形钢骨

**图 5.31　典型空腹箱形钢骨混凝土纯扭构件的变形云图**

　　为验证本书有限元模型的正确性，对梁礼麟（2001）进行的空腹箱形钢骨混凝土纯扭构件的试验数据进行了验算，表5.1给出了试件的具体参数，更详细的参数详见梁礼麟（2001）文献。纯扭构件计算曲线与试验曲线的对比如图5.32所示，可见计算结果与试验结果基本吻合，在弹性阶段，计算结果与试验结果差别较大，可能的原因为：有限元分析模型没有考虑试验过程中的偶然偏心和试件的几何初始缺陷等。

表 5.1 给出了试件抗扭极限承载力的试验值和计算值，所有计算值与试验值比值的平均值为 1.045，可见计算值比试验值稍大（陈宜言，尧国皇，2009）。

空腹箱形钢骨混凝土试件表

表 5.1

| 试件 | 箱形钢骨截面 $b \times h \times t$（mm） | 试件截面 $D \times B$（mm） | 钢骨屈服强度（MPa） | 试件长度 $L$（mm） | 承载力 $T_{ue}$（t·m） | 承载力 $T_{ce}$（t·m） |
|---|---|---|---|---|---|---|
| T-15 | $150 \times 150 \times 6$ | $450 \times 450$ | 294 | 1620 | 13.25 | 14.9 |
| T-11 | $150 \times 150 \times 6$ | $370 \times 370$ | 294 | 1620 | 9.12 | 10.05 |
| T-07 | $150 \times 150 \times 6$ | $290 \times 290$ | 294 | 1620 | 6.94 | 6.68 |
| B-15 | $200 \times 150 \times 6$ | $370 \times 420$ | 294 | 1620 | 12.18 | 12.39 |
| B-10 | $200 \times 100 \times 6$ | $320 \times 420$ | 294 | 1620 | 8.99 | 9.18 |

从以上的计算结果和试验结果的比较可见，利用有限元软件 ABAQUS 对空腹箱形钢骨混凝土纯扭构件荷载 - 变形关系曲线进行的计算，计算曲线与试验曲线两者基本吻合。

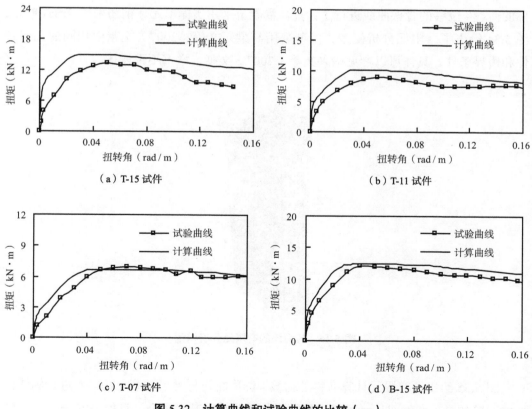

图 5.32　计算曲线和试验曲线的比较（一）

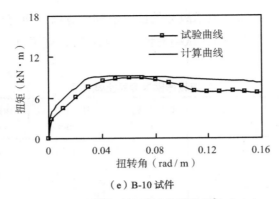

（e）B-10 试件

图 5.33  计算曲线和试验曲线的比较（二）

**7. 钢筋混凝土剪力墙**

钢筋混凝土剪力墙是一种广泛应用于建筑结构中的抗侧力构件，剪力墙的弹塑性性能的研究对剪力墙结构性能的理解有十分重要的意义。以下基于本研究项目的相关本构关系，采用 ABAQUS 软件对相关研究者的试验数据进行验算，以说明数值分析模型的可靠性。

采用 ABAQUS 软件对梁兴文等（2007）进行的 4 个悬臂高性能混凝土剪力墙试件的荷载 - 位移的骨架曲线进行了计算。混凝土采用实体单元，钢筋采用 Truss 单元，图 5.34 给出了有限元分析模型，模型采用与梁兴文等（2007）文献中相同的几何条件和边界条件，具体可以参见梁兴文等（2007）文献，本书不再详述。

图 5.34  剪力墙的有限元分析模型

图 5.35 给出了有限元计算获得的荷载 - 位移曲线与梁兴文等（2007）进行的滞回性能试验的骨架曲线对比，可见计算结果与试验结果基本吻合，且偏于安全。

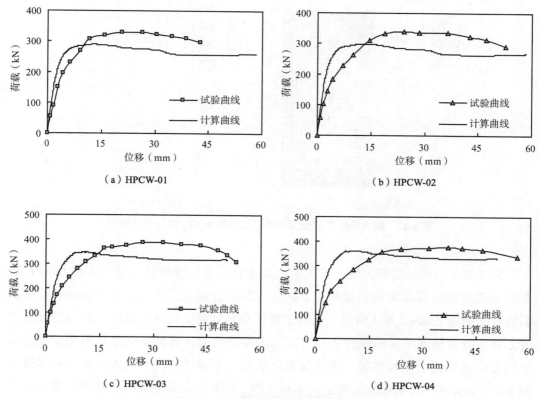

（a）HPCW-01　　　　　　　　　（b）HPCW-02

（c）HPCW-03　　　　　　　　　（d）HPCW-04

**图 5.35　计算曲线和试验曲线的比较**

　　图 5.36 给出了典型剪力墙试件主塑性应变矢量图，从混凝土的主塑性应变矢量图中可近似反映其裂缝分布以及裂缝宽度情况。可见计算模型的裂缝分布与试验获得的趋势是一致的。图 5.37 给出了剪力墙的变形云图和内部钢筋的 Mises 应力分布云图。

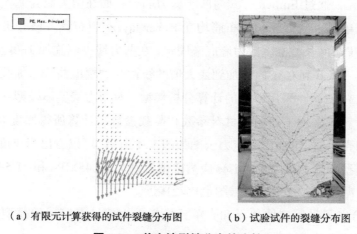

（a）有限元计算获得的试件裂缝分布图　　　（b）试验试件的裂缝分布图

**图 5.36　剪力墙裂缝分布的比较**

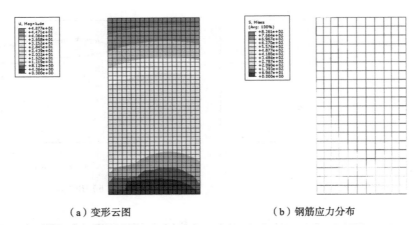

（a）变形云图　　　　　　　　　（b）钢筋应力分布

**图 5.37　剪力墙的变形云图和内部钢筋的 Mises 应力分布云图**

对于建筑结构中的剪力墙，实体单元能比较真实地模拟剪力墙形状及力学行为，在剪力墙配筋时可以采用桁架单元方法，可以建好钢筋的骨架，在 Interaction 中把钢筋骨架通过 Embed 方式内嵌于混凝土墙体中，钢筋定位比较准确，而且后处理比较方便，查看钢筋单元的应力比较直观，因而得到的计算数据结果也较为准确，但采用实体单元建模比较麻烦，单元及节点数多，工程计算量非常大。而壳元尽管采用 Rebar layers 布置钢筋，钢筋定位不够明确，但却可以简化建模、降低计算成本及提高计算效率。以下对剪力墙壳单元模型计算结果和实体单元模型计算结果进行了分析比较。

剪力墙模型长 10m、高 30m、厚度分别为 400mm 和 600mm。墙两端设有暗柱，长 800mm，配 8 根直径 20mm 的受力筋。在墙体中间布置单排直径 10@250 水平及竖向分布筋。在剪力墙实体模型中，剪力墙采用实体 8 节点减缩积分单元，钢筋采用 2 节点桁架单元，通过 Embed 方式内嵌于剪力墙中，而在剪力墙壳元模型中，剪力墙采用 4 节点壳单元，受力筋和分布筋均在 Rebar layers 中布置。该分析中采用动力显式算法，分析步时间长 0.3s。剪力墙底端固定，在剪力墙一侧施加 160kN 的均布荷载，并为荷载定义一从 0 到 0.3s 内增加到最大值的线性渐增幅值曲线，加载计算模型及边界条件如图 5.34 所示。采用以上的计算分析模型，对剪力墙实体模型和壳元模型分别进行计算，计算时采用了相同的材料参数和荷载参数，计算所得厚度 800mm 厚剪力墙实体模型和壳元模型的 Mises 应力云图如图 5.38 所示。可以看出当厚度为 800mm 时，剪力墙实体模型和壳元模型的 Mises 应力幅值分别为 21.45MPa 和 21.58MPa，两者非常接近，而且两者的 Mises 应力云图也比较接近。

图 5.38 给出了采用实体单元和壳单元模拟剪力墙计算获得的模型变形云图的比较，可见计算结果基本一致。

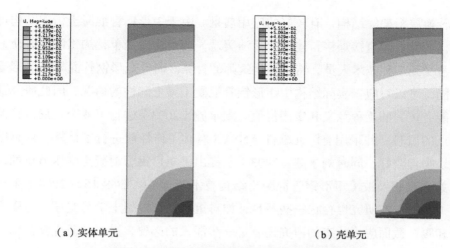

（a）实体单元　　　　　　　　　　　　　　　　（b）壳单元

**图 5.38　实体单元和壳单元的变形云图比较**

表 5.2 给出了两种分析模型在水平侧力作用下最大的侧移值 $u$ 的对比，可见最大误差还不到 1%，符合工程设计中分析的精度要求。剪力墙采用壳元模型 Rebar layer 加钢筋与采用实体单元 Embed 加钢筋进行计算分析的结果比较接近，在实际工程的整体弹塑性分析中可以采用壳单元来模拟剪力墙，以降低计算成本。

两种分析模型最大水平侧移 $u$ 的对比　　　　　　　　　　　　表 5.2

| 墙厚 | 实体模型 $u$（m） | 壳元模型 $u$（m） | 两者相差 |
|------|------|------|------|
| 400mm | 0.04122 | 0.04156 | −0.80% |
| 600mm | 0.05156 | 0.05158 | 0.38% |

本小节主要介绍以钢筋混凝土构件、钢管混凝土构件、型钢混凝土构件、型钢 - 钢管混凝土构件、钢管混凝土叠合柱构件、空腹箱形钢骨混凝土构件和钢筋混凝土剪力墙构件为例，介绍了基于 ABAQUS 软件的弹塑性分析在构件分析计算中的应用，从分析结果与试验结果的对比可见，弹塑性分析结果具有较好的可靠性。

## 5.1.2　节点

### 1. 矩形钢管混凝土 T 形节点

矩形钢管对核心混凝土的约束效果不如圆钢管显著，但仍有很好的效果，可以提高构件的延性，而且矩形钢管混凝土具有较好的抗弯能力和抗扭能力，与圆钢管混凝土相比，矩形钢管混凝土构件连接构造简单，与墙体连接方便，建筑室内便于使用，并容易采用价格便宜的平板式防火板材，因此矩形钢管混凝土在工程实践中的应用也越来越广泛。矩形钢管混凝土弦杆和矩形钢管混凝土腹杆组成的矩形钢管混凝土桁架可用于转换层桁架等结构，有较好的应用前景。由于矩形钢管混凝土桁架结构可不设节点板，杆件之间直接焊接，建筑上简洁美观，节点构造简单，加工制作方便，近年来，日益受到工程技术人员，特别是建筑师的青睐。研究矩形钢管混凝土 T 形受压节点的性能，可以对应于实际结构中矩形钢管混凝土梁上起柱的情况，因此研究这类节点的性能有较大的工程意义和实用价值。刘永健（2003）进行了 4 个矩形钢管混凝土受压节点的试验，并采用有限元软件 ANSYS 对其工作性能进行了计算，计算结果与试验结果吻合较好，同时刘永健（2003）也提出了矩形钢管混凝土受压节点的设计方法，有关研究成果被《矩形钢管混凝土结构技术规程》（CECS 159：2004）采用。但刘永健（2003）的研究也存在一些不足，如对矩形钢管混凝土 T 形受压节点受力各阶段弦杆和腹杆截面应力状态的研究还有进一步深入的必要，进一步研究其截面的应力状态也可为有关工程设计人员进行施工图深化设计提供参考。

弦杆钢管和腹杆钢管的钢材采用四节点减缩积分格式的壳单元（S4R），核心混凝土采用八节点减缩积分格式的三维实体单元（C3D8R）。图 5.39 给出了矩形钢管混凝土 T 形受压节点有限元分析模型单元划分的示意。为了更好地反映矩形钢管混凝土 T 形受压节点的性能，矩形钢管混凝土弦杆的两端采用了铰接的边界条件。在节点腹杆上加载端设置一刚度很大的垫块模拟加荷端板，采用三维实体单元（C3D8R）模拟，其弹性模量取为 $1 \times 10^{12}$MPa，泊松比取为 0.0001。加荷端板与腹杆钢管之间用 ABAQUS 软件中 Tie 命令进行约束。图 5.39 还给出了有限元分析模型的边界条件的示意。计算时，采用位移加载方式，并采用增量迭代法求解非线性方程。

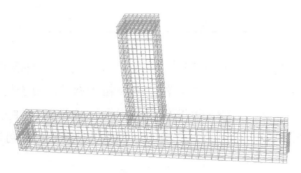

**图 5.39　典型矩形钢管 T 形节点有限元分析模型**

采用以上有限元计算模型，可较为方便地计算出这类节点荷载 - 变形关系曲线。图 5.40 给出了本书有限元计算结果与刘永健（2003）的试验结果的比较，可见有限元计算曲线和试验曲线基本吻合。

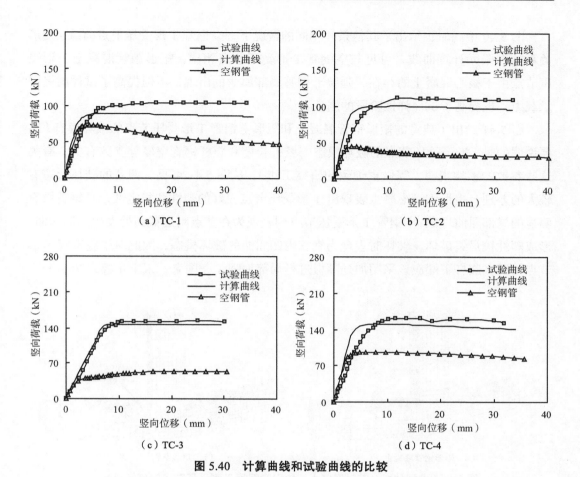

**图 5.40　计算曲线和试验曲线的比较**

表 5.3 给出了图 5.39 试验试件的详细计算参数和极限承载力，其中 $D$ 和 $B$ 分别为弦杆钢管的截面外长边边长和短边边长，$t$ 为弦杆钢管管壁厚度，$L_c$ 为矩形钢管混凝土两铰接端之间的长度，$b$ 和 $h$ 分别为腹杆钢管的截面外长边边长和短边边长，$t_0$ 为腹杆钢管管壁厚度，$N_{ue}$ 为节点的极限承载力试验值，$N_{uc}$ 为本书计算获得的试件极限承载力。试件弦杆和腹杆钢材屈服强度分别为 320MPa 和 325MPa，核心混凝土立方体抗压强度为 31.1MPa。所有试件 $N_{uc}/N_{ue}$ 比值的平均值为 0.912，均方差为 0.041，可见承载力计算值与试验值基本吻合。

| | | | | | | | | | 表 5.3 |
|---|---|---|---|---|---|---|---|---|---|

**T 形节点参数和极限承载力**

| 编号 | $D$（mm） | $B$（mm） | $t$（mm） | $L_c$（mm） | $b$（mm） | $h$（mm） | $t_0$（mm） | $N_{ue}$（kN） | $N_{uc}$（kN） |
|---|---|---|---|---|---|---|---|---|---|
| TC-1 | 100 | 100 | 2.75 | 750 | 60 | 60 | 2.83 | 103.6 | 90 |
| TC-2 | 100 | 100 | 2.75 | 750 | 100 | 100 | 4 | 112.3 | 100.1 |
| TC-3 | 100 | 100 | 4 | 750 | 40 | 40 | 2.83 | 152.9 | 147 |
| TC-4 | 100 | 100 | 4 | 750 | 80 | 80 | 2.83 | 163 | 151 |

图 5.40 中同时也给出了其他条件相同的情况下，空钢管 T 形受压节点荷载 - 变形关系的有限元计算曲线，可见与空钢管 T 形受压节点相比，矩形钢管混凝土 T 形受压节点由于核心混凝土的存在，延缓了钢管局部屈曲的出现，不但提高了试件的极限承载力，也提高了试件弹性阶段的刚度。

图 5.41 给出了典型的矩形钢管混凝土和矩形空钢管 T 形受压节点的破坏模态（需要说明的是，T 形受压节点的破坏模态与弦杆长度和腹杆钢管壁厚等参数有关，有关这些参数的影响规律，需做更细致的研究工作）。从图 5.41 可见，两者的破坏形态有较大的差别，矩形钢管混凝土表现出 T 形受压节点较好的塑性和稳定性，且钢管没有明显的局部屈曲现象；空钢管 T 形受压节点则表现为在节点附近截面处发生局部屈曲，形成塑性铰最终破坏，破坏时表现为钢管内凹屈曲的破坏模态，因此对于空钢管 T 形节点情况，腹杆下端应该采用加劲隔板进行局部加强（尧国皇，宋宝东等，2008）。

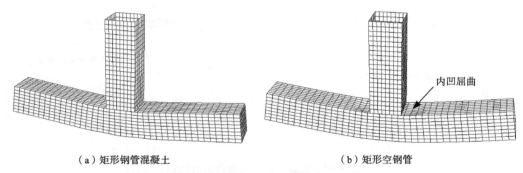

（a）矩形钢管混凝土　　　　　　　　　　（b）矩形空钢管

图 5.41　典型的矩形钢管混凝土和矩形空钢管 T 形受压节点的破坏模态

从图 5.40 的计算曲线可见，矩形钢管混凝土 T 形受压节点的荷载 - 变形关系曲线大致可分为弹性阶段、弹塑性阶段和塑性阶段，典型的荷载 - 变形关系曲线如图 5.42 所示：①弹性阶段，弦杆钢管梁中下翼缘应力还未达钢材的比例极限，分布规律为下翼缘大、上翼缘小，上柱柱脚处混凝土的压应力较大，下翼缘混凝土受拉且受拉区域分布相对均匀；②弹塑性阶段，弦杆钢管梁跨中上、下翼缘和上柱柱脚处钢管已经进入屈服阶段，上柱柱脚处混凝土的压应力已经超过极限应力，但由于受到外钢管的约束，此时混凝土还没有被压碎；③塑性阶段，弦杆钢管梁中的钢管屈服区域继续向两端扩展，此时上柱柱脚处混凝土被压碎。

以下以 TC1 试件为例，图 5.42 ~ 图 5.45 给出了矩形钢管混凝土 T 形受压节点在受力各阶段中钢管 Mises 应力分布和核心混凝土纵向应力分布情况，其中图 5.43 对应于 0.4 倍极限荷载，图 5.44 对应于 1.0 倍极限荷载，图 5.45 对应于竖向位移为 20mm。

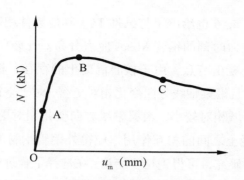

**图 5.42　典型的 $N$-$u_m$ 曲线**

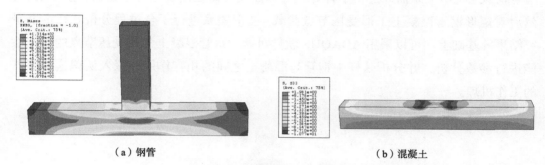

（a）钢管　　　　　　　　　　　　　（b）混凝土

**图 5.43　弹性阶段的应力状态**

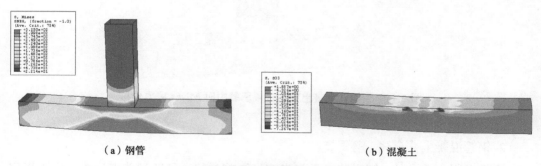

（a）钢管　　　　　　　　　　　　　（b）混凝土

**图 5.44　弹塑性阶段的应力状态**

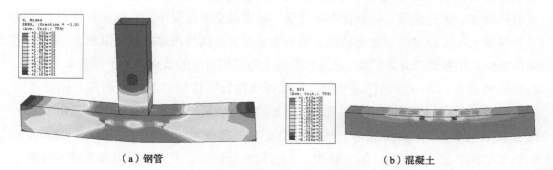

（a）钢管　　　　　　　　　　　　　（b）混凝土

**图 5.45　塑性阶段的应力状态**

为了便于分析，图 5.46 也给出了与试件 TC1 其他条件相同的情况下，空钢管 T 形受压节点在极限承载力时刻的钢管 Mises 应力分布。比较图 5.46 和图 5.45，可以发现，对于矩形钢管混凝土节点，由于核心混凝土的存在，极限承载力时钢管的塑性区域发展更为充分，且沿梁轴线方向变化相对更缓；对于空钢管混凝土节点，极限承载力时钢管的塑性区域相对较小，沿梁轴线方向变化相对更"激烈"，这也充分说明由于钢管和核心混凝土之间的相互作用，使得外钢管钢材的材料性能得到更大程度的发挥。基于以上的研究，可得到初步结论：在选择了合理的钢材和核心混凝土的本构关系模型的基础上，利用通用有限元软件 ABAQUS 对矩形钢管混凝土 T 形受压节点荷载 - 变形关系曲线进行了计算，计算曲线与试验曲线进行了比较，基本吻合，然后对矩形钢管混凝土 T 形受压节点荷载 - 变形关系进行了全过程分析。在本书研究结果的基础上，可以采用 ABAQUS 软件对矩形钢管混凝土 T 形受压节点的工作性能进行参数分析，并分析弦杆中钢管与混凝土之间的相互作用，深入认识这类节点的工作机理。

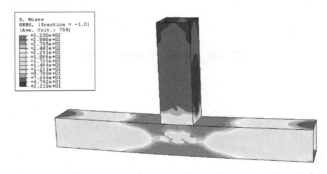

**图 5.46　空钢管混凝土节点极限承载力时 Mises 应力分布**

### 2. 钢管混凝土叠合柱 - 钢梁节点

钢管混凝土叠合柱 - 钢梁节点是未来有发展前景的一种新型节点形式，以下采用有限元分析方法，对廖飞宇（2012）进行的对于钢管混凝土叠合柱 - 钢梁节点试验数据进行验证。钢管混凝土叠合柱中的箍筋，根据其受力过程中的实际工作特点，假设其与混凝土在受荷过程中完全粘结，即不考虑两者之间的滑移。对于纵筋和混凝土之间的接触采用弹簧单元来模拟，纵筋和混凝土每对相对应的节点用三个弹簧单元连接，以模拟两者在三个方向的接触性能，三维弹塑性分析模型如图 5.47 所示。钢管和钢板均采用四节点完全积分格式的壳单元（S4），为满足一定的计算精度，在壳单元厚度方向采用 9 点 Simpson 积分。核心混凝土和加载板采用三维实体单元（C3D8R）。钢筋采用杆单元（T3D2）。图 5.48 所示为有限元分析获得节点极限承载力时的钢梁与内钢管 Mises 应力云图。

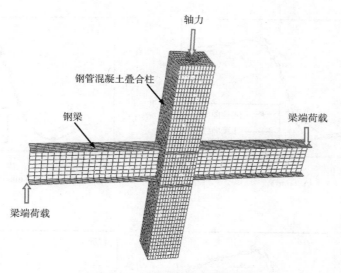

**图 5.47　有限元模型示意图**

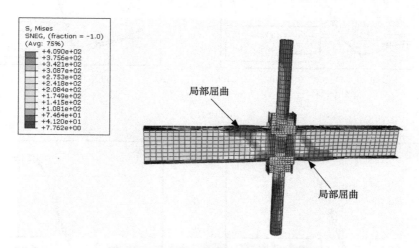

**图 5.48　钢梁与内钢管 Mises 应力云图**

　　图 5.49 给出了有限元计算获得的荷载 - 位移曲线与廖飞宇（2012）进行的滞回性能试验骨架曲线的对比，可见计算结果与试验结果基本吻合，且偏于安全。

　　本小节主要以矩形钢管混凝土 T 形节点和钢管混凝土叠合柱 - 钢梁节点为例，介绍了基于 ABAQUS 软件的弹塑性分析在典型节点分析计算中的应用，从分析结果与试验结果的对比可见，弹塑性分析结果具有较好的可靠性。

　　实际工程中的节点形式丰富多彩，限于作者研究范围，本书仅选择了两种典型节点作为案例进行分析，在其他节点分析方面也已经有大量的基于 ABAQUS 有限元分析成果公开发表，读者可以自行查阅。

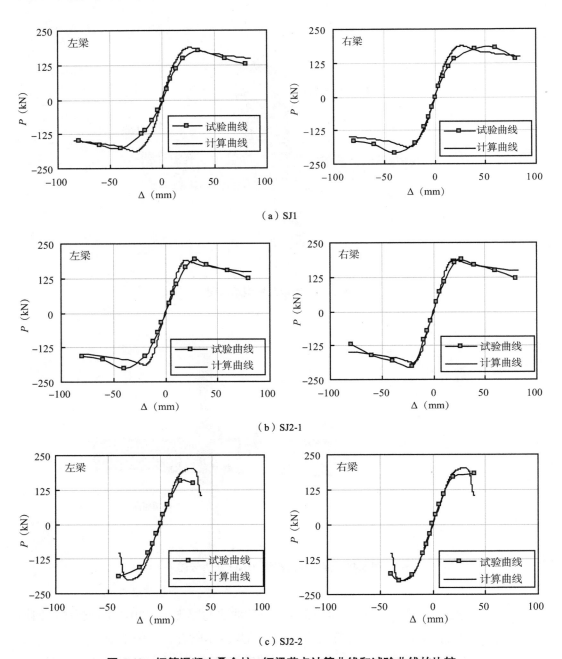

（a）SJ1

（b）SJ2-1

（c）SJ2-2

图 5.49　钢管混凝土叠合柱 - 钢梁节点计算曲线和试验曲线的比较

## 5.2　整体结构分析结果的验证

　　基于以上研究成果，对清华大学土木系韩林海教授课题组提供的 30 层方钢管混凝土框架 - 钢筋混凝土（RC）核心筒结构的振动台试验数据进行验证，进一步说明本书研究成果在三维整体结构弹塑性分析模拟上的适用性。

为了本节论述的可靠性和完整性，以下简要介绍方钢管混凝土框架 - 钢筋混凝土（RC）核心筒结构的振动台试验设计与试验过程，更详细的试验参数参见韩林海等（2009）文献。

## 5.2.1　振动台模型的介绍

### 1.模型制作与设计

（1）模型尺寸和构造

设计模型时参考了某实际工程结构设计方案，并根据振动态性能和试验测试条件进行了必要的缩尺。模型与原型的相似性关系如表 5.4 所示。

**模型的相似性关系（韩林海等，2009）**　　　　表 5.4

| 相似关系 | 符号 | 算式 | 数值 |
|---|---|---|---|
| 尺寸 | $S_l$ | 模型 / 原型 | 1/20 |
| 弹性模量 | $S_E$ | 模型 / 原型 | 1 |
| 加速度 | $S_a$ | $S_a = S_E S_l^2 / S_m$ | 1 |
| 重力加速度 | $S_g$ | $S_g = 1$ | 1 |
| 时间 | $S_t$ | $S_t = \sqrt{S_l / S_a}$ | $1/\sqrt{20}$ |
| 频率 | $S_f$ | $S_f = 1/S_t$ | $\sqrt{20}$ |
| 质量 | $S_m$ | 模型 / 原型 | 1/400 |

模型设计时，用设置配重的方法来模拟密度的相似关系，同时考虑结构一定的隔墙荷载及恒载和活荷载的组合，将这两部分荷载用楼面附加质量来模拟。试验模型的总质量为 16.5t（包括楼板），楼板重 1.458t。根据振动台的承载能力和模型的实际重量，可计算所需配重：每层楼面附加质量（配重块）为 320kg，模型总附加质量为 $0.32 \times 30 = 9.6$（t）。

混合结构模型由外部钢管混凝土框架和位于模型中部的钢筋混凝土剪力墙组成。模型结构共 30 层，所有楼层的平面尺寸均一样。现浇钢筋混凝土芯筒位于模型中心，由外墙和内墙组成，内剪力墙和芯筒的交汇处设置了钢筋混凝土暗柱。每个楼层芯筒外墙的四侧均开孔。模型的楼盖采用了工字形钢梁、现浇钢筋混凝土楼板。框架梁与钢管混凝土柱、钢筋混凝土剪力墙等均按刚性连接设计。图 5.50 所示分别为模型的平面图和剖面图，图中同时给出了一些典型构件截面和节点图。

对整体结构模型的主要信息汇总如下：

①模型结构高度：6.3m。

②楼层平面尺寸：2.2m × 2.2m。

③钢筋混凝土芯筒平面尺寸：1.21m×1.21m；芯筒内墙厚20mm，芯筒外墙厚25mm；芯筒边长与模型结构平面边长的比例为0.55；钢筋混凝土芯筒平面面积约占模型结构层平面面积的30.25%。

④钢管混凝土框架柱：方形柱截面尺寸：30mm×30mm；钢管壁厚均为1mm。

⑤工字形钢梁规格：I- 40×15×1×1.5（mm）。

⑥钢筋混凝土楼板厚度：8mm。

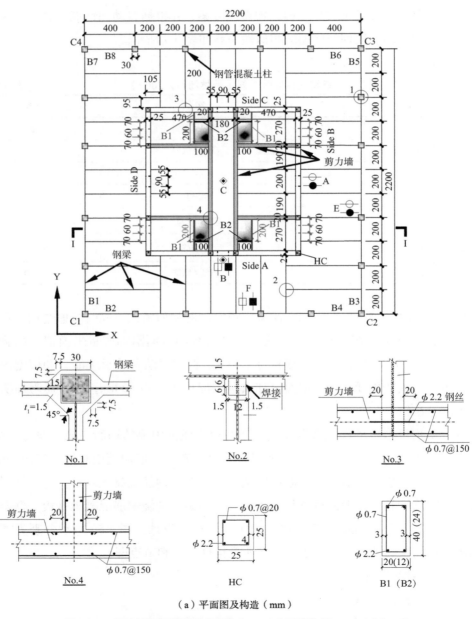

（a）平面图及构造（mm）

**图 5.50　标准层平面图和剖面图（mm）（韩林海等，2009）（一）**

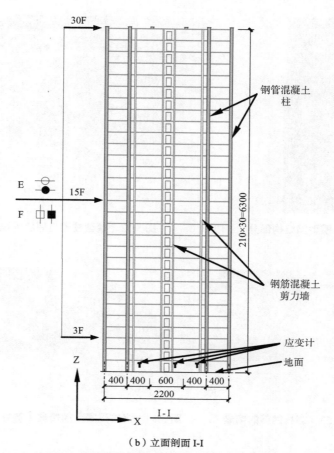

图 5.50　标准层平面图和剖面图（mm）（韩林海等，2009）（二）

　　由于混凝土楼板或墙体的尺寸较小，因此采用钢丝代替其中的钢筋。根据刚度条件分别选用了 22 号和 8 号的规格。墙板和楼板的分布筋采用 $\phi 8@150mm \times 150mm$ 的钢丝网片。

　　模型制作顺序为：①在加工厂制作钢结构框架部分；②运至试验现场和底座连接；③灌注钢管内的混凝土；④绑扎混凝土楼板和墙体中的钢丝和钢丝网片，楼板中的钢筋直接点焊在钢梁上翼缘；⑤分层浇筑楼板和混凝土墙体。

　　在模型制作过程中对模型结构用料、制作工艺进行了严格控制，以期保证模型的制作质量。模型使用泡沫塑料作为楼板底模和核心筒内模。泡沫塑料具有成型方便，便于拆除的优点。图 5.51 所示为先焊接的模型钢结构部分。图 5.52 所示为模型柱子与底座的连接制作过程，图 5.53 所示为绑扎钢筋的情景，图 5.54 所示为模型浇筑混凝土的情景，图 5.55 所示为对应图 5.50 中所示节点 No.1、No.2、No.3 和 No.4 在制作过程中的情景。

图 5.51　先焊接的模型钢结构部分

图 5.52　模型柱子与底座的连接

图 5.53　绑扎钢筋的情景

图 5.54　浇筑混凝土的情景（韩林海等，2009）

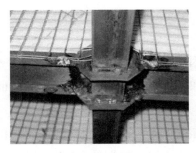

（a）No.1

（b）No.2

（c）No.3

（d）No.4

图 5.55　典型的节点在模型制作过程中的情景（韩林海等，2009）

（2）材料性能参数

模型结构中所用钢材和钢丝的材性均由标准拉伸试验确定，如表 5.5 所示。

钢材的材性指标汇总（韩林海等，2009）　　　表 5.5

| 类别 | 厚度（直径）（mm） | 屈服强度（N/mm²） | 抗拉强度（N/mm²） | 弹性模量（N/mm²） | 泊松比 | 延伸率（%） |
|------|------|------|------|------|------|------|
| 方钢管 | 1.0 | 378.6 | 468.3 | $1.85 \times 10^5$ | 0.291 | 14.6 |
| 钢梁翼缘 | 1.5 | 548.6 | 704.9 | $1.92 \times 10^5$ | 0.283 | 16.2 |
| 钢梁腹板 | 1.0 | 630.2 | 842.5 | $2.02 \times 10^5$ | 0.256 | 21.2 |
| 暗柱纵筋 | 2.2 | 319.6 | 401.2 | $1.72 \times 10^5$ | — | 35.2 |
| 楼板分布筋 | 0.7 | 295.1 | 394.4 | $1.66 \times 10^5$ | — | — |

配置了两种混凝土。钢筋混凝土楼板和剪力墙采用了普通混凝土，浇筑时采用了振捣的方式。由于柱钢管的尺寸较小，混凝土浇筑时不便振捣，为了保证钢管混凝土柱中混凝土的密实度，采用了一种自密实混凝土，浇筑时自上而下直接灌入钢管。两种混凝土均采用了普通硅酸盐水泥和高效减水剂；砂的最大粒径小于 2.5mm；骨料的粒径在 5～10mm。实测自密实混凝土的坍落度为 270mm，流动度为 635mm，平均流速为 100mm/s，在钢管中浇灌混凝土时，混凝土内部平均温度为 26℃；楼板和剪力墙中混凝土的坍落度为 235mm。表 5.6 给出了混凝土的配合比及其实测的抗压强度($f_{cu}$)和弹性模量（$E_c$）。

混凝土配合比及其力学性能指标（韩林海等，2009）　　　表 5.6

| 混凝土类别 | 水泥（kg/m³） | 骨料（kg/m³） | 砂（kg/m³） | Ⅱ级粉煤灰（kg/m³） | 钢渣粉（kg/m³） | 水（kg/m³） | 高效减水剂（kg/m³） | 28d 立方体抗压强度 $f_{cu}$（N/mm²） | 弹性模量 $E_c$（N/mm²） |
|------|------|------|------|------|------|------|------|------|------|
| 自密实混凝土（组合柱） | 520 | 728 | 842 | — | 140 | 244 | 16 | 41.7 | $2.85 \times 10^4$ |
| 普通混凝土（楼板和剪力墙） | 470 | 724 | 836 | 141 | — | 221 | 11 | 47.5 | $3.14 \times 10^4$ |

（3）配重

模型自重为 7.3t。综合考虑高层建筑实际受荷情况和振动台承载能力等因素，模型每层楼面施加质量（配重块）为 320kg，模型总附加质量为 $0.32 \times 30 = 9.6$（t）。配重块均匀布置在核心筒外部，如图 5.56 所示。

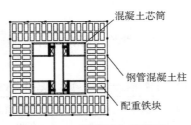

图 5.56　配重施加示意图

　　试验时，模型浇筑在与振动台刚性连接的预制钢筋混凝土底座上，以期保证模型底部与振动台嵌固的边界条件。预制的钢筋混凝土底座厚20cm，平面尺寸2.6m×2.6m，其上预留螺栓孔，通过 $\phi$24 螺栓与振动台面连接。图 5.57 所示为模型施加配重后在试验之前的情景。

　　2. 试验方案

　　（1）试验用模拟地震振动台系统

　　试验模型通过底座牢固安放在模拟地震振动台上，振动台用电液伺服加载方式，通过计算机可分别进行 6 个自由度的控制。采用模拟和数字补偿技术使模型得到最佳的地震输入波形。模型的地震采用多种传感器进行测量，通过计算机进行数据采集和分析。

　　振动台台面尺寸为 3m×3m×1.2m，台面重 6t，为焊接钢蜂窝状结构，网格尺寸40cm×40cm，整个外表面用钢板包络，以提高其抗弯和抗扭刚度。整个台面的形状略成锥形，以使得其重量减小而弯曲刚度增加。

　　液压系统主要由主油箱、主泵、蓄能器、冷却器等部分组成。主泵工作压力20.7MPa，最大流量700L/min，主泵与蓄能器联合供油，以适应地震波瞬态变化过程并减少能量消耗。振动台由 8 个作动器推动，其中 4 个位于水平方向，4 个位于竖直方向。为了尽量减少台面和模型加于竖向作动器的静压力，采用柔性空气弹簧作静态支承，从而减小竖向运动的畸变。

　　电子模拟控制系统提供台面运动的闭环控制以及液压和输出信号的控制，包括对6 个自由度的控制、一个多道示波器、一个信号入口板、一个正弦扫描函数发生器和液压／程序控制板等的控制。反馈传感器为每个作动器附带的加速度传感器。数控和数据采集处理采用美国 MTS 公司 493 数字控制系统，可以实现计算机补偿技术，使系统得到精确的地震波。

　　（2）测试方案

　　模型结构中的混凝土养护到 28d 后即开始进行有关试验。为保证采集到试验所需的数据，设置了 48 个应变测试通道，以测量结构各部位的应变反应。加速度数据由加速度传感器直接测量。两个模型各设置 30 个加速度测点，28 个位移测点，加速度

**图 5.57　模型制作完成后放置在振动台上时的情景（韩林海等，2009）**

传感器工作频率范围 0.1 ~ 4.8kHz，电荷放大器频宽为 0.1 ~ 10kHz。试验前在振动台上进行了一致性标定，满足本项试验的要求。

1）加速度传感器的布置

在振动台台面（ ±0.000 处）和模型第 3、6、9、12、15、18、21、24、27 层楼面及顶层（第 30 层）紧贴混凝土核心筒的部位，沿 X 轴、Y 轴中央处各布置一个 X 向（A 点）、Y 向（B 点）加速度计；振动台顶面沿 Z 方向（A 点）布置一个加速度计；屋面中心布置一个 Z 方向（C 点）的加速度计。在第 3 层、第 15 层楼面及顶层边缘钢管混凝土柱部位，沿 X 轴、Y 轴各布置一个 X 向（E 点）、Y 向（F 点）的加速度计，测得的数据供相互校验。

2）位移传感器的布置

位移测点的布置和加速度测点基本相同。在振动台台面（ ±0.000 处）和模型第 3、6、9、12、15、18、21、24、27 层楼面及顶层（第 30 层）紧贴混凝土核心筒的部位，沿 X 轴、Y 轴中央处各布置一个 X 向（A 点）、Y 向（B 点）位移计；在第 3 层、第 15 层楼面及顶层屋面楼层边缘钢管混凝土柱部位，沿 Y 轴、X 轴各布置一个 X 向（E 点）、Y 向（F 点）的位移计。

3）应变测点布置

模型底层所受的力最大，各部件的动应变也最大，故所有的应变片均位于模型第 1 层楼面以下 1cm 处。在混凝土核心筒上共 24 个应变片，分别位于底层混凝土核心筒的四角和中央，每面 6 个（竖向 3 个，水平向 3 个）。在底层角部 4 根钢管混凝土柱顶部各贴 4 个应变片，共 16 个应变片。与钢管混凝土角柱相连的 8 条钢梁，每个梁端的腹板各贴 1 个应变片，共 8 个应变片，见图 5.58。

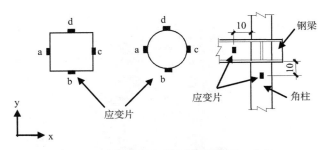

**图 5.58 角柱及节点处应变片布置示意图**

（3）加载方案

试验采用三条频谱特性不同的真实强震记录，分别为：Taft 波、El Centro 波和天津波。其中，Taft 波和 El Centro 波为经典试验记录，天津波中短周期的成分较多。地震波根据水平加速度峰值采用四种不同级别输入：0.2g、0.4g、0.6g 和 0.8g。

结构模型振动台试验工况和顺序见表 5.7。参考《建筑抗震设计规范》GB 50011-2010 中地震分析时的时程曲线的最大值，三条地震波根据水平加速度峰值采用四种不同级别输入：0.2g、0.4g、0.6g 和 0.8g，用来模拟实际小震、中震、大震和超大震的情况。

| 试验工况表（韩林海等，2009） | | | 表 5.7 |
| :---: | :---: | :---: | :---: |
| 工况编号 | 输入地震波 | 输入方向 | 加速度峰值（g） |
| B1 | 白噪声（0.5 ~ 40Hz） | X+Y+Z | 0.09+0.09+0.09 |
| B2 | Taft 波 | X | 0.2 |
| B3 | El Centro 波 | X | 0.2 |
| B4 | 天津波 | X | 0.2 |
| B5 | Taft 波 | Y | 0.2 |
| B6 | El Centro 波 | Y | 0.2 |
| B7 | 天津波 | Y | 0.2 |
| B8 | 白噪声（0.5 ~ 40Hz） | X+Y+Z | 0.09+009+0.09 |
| B9 | Taft 波 | X | 0.4 |
| B10 | El Centro 波 | X | 0.4 |
| B11 | 天津波 | X | 0.4 |
| B12 | Taft 波 | Y | 0.4 |
| B13 | El Centro 波 | Y | 0.4 |
| B14 | 天津波 | Y | 0.4 |
| B15 | 白噪声（0.5 ~ 40Hz） | X+Y+Z | 0.09+0.09+0.09 |
| B16 | Taft 波 | X | 0.6 |
| B17 | El Centro 波 | X | 0.6 |
| B18 | 天津波 | X | 0.6 |
| B19 | Taft 波 | Y | 0.6 |
| B20 | El Centro 波 | Y | 0.6 |
| B21 | 天津波 | Y | 0.6 |
| B22 | El Centro 波 | X+Y+Z | 0.6+0.5+0.4 |
| B23 | 白噪声（0.5 ~ 40Hz） | X+Y+Z | 0.09+0.09+0.09 |

续表

| 工况编号 | 输入地震波 | 输入方向 | 加速度峰值（$g$） |
|---|---|---|---|
| B24 | El Centro 波 | X | 0.8 |
| B25 | El Centro 波 | Y | 0.8 |
| B26 | El Centro 波 | X+Y+Z | 0.8+0.7+0.5 |
| B27 | 白噪声（0.5 ~ 40Hz） | X+Y+Z | 0.09+0.09+0.09 |
| B28 | 天津波连波 4 | X | 1 |
| B28-2 | 天津波连波 4 | X | 1.4 |

工况设置的原则是输入地震的强度从小到大；每个级别全部地震工况输入前后，用白噪声对模型进行三向扫频，以测试模型模态参数的变化；最后进行破坏性试验，采用天津波连续输入 4 次，以测试模型的极限破坏形态。

### 5.2.2 整体结构分析结果与试验结果的对比

1. 弹塑性分析模型的建立

根据振动台模型的相关几何参数和物理参数以及开发的 SAT2M 前处理软件，可方便地建立 ABAQUS 分析模型。需要说明的是，在模拟方钢管混凝土柱时，将方钢管混凝土等效为外钢管和内部混凝土柱叠合而成，核心混凝土材料采用混凝土用户子程序，图 5.59 所示为有限元分析模型（尧国皇等，2014）。

图 5.60 分别给出了外框架、核心筒、楼板的单元划分图，对单元划分进行控制，整个弹塑性分析模型单元总数 46698 个，其中梁单元 13200 个，壳单元 33498 个。

2. 动力特性的比较

结构动力特性是进行结构弹塑性动力分析的基础。图 5.61 所示为有限元分析模型计算获得的结构前六阶振型模态图，可见第一阶和第二阶为平动振型模态，第三阶和第五阶为扭转振型模态，第四阶和第六阶为弯曲振型模态。

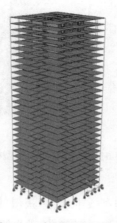

**图 5.59 有限元分析模型**

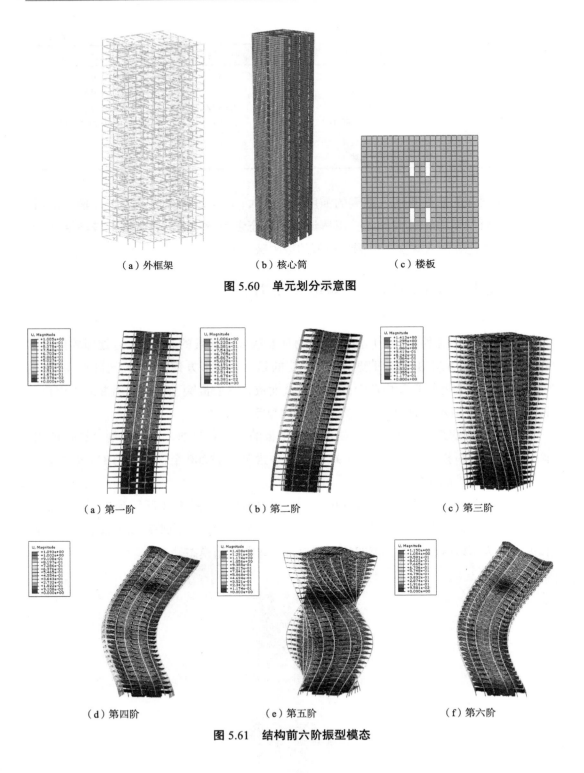

（a）外框架　　　　　　　　（b）核心筒　　　　　　　　（c）楼板

图 5.60　单元划分示意图

（a）第一阶　　　　　　　　（b）第二阶　　　　　　　　（c）第三阶

（d）第四阶　　　　　　　　（e）第五阶　　　　　　　　（f）第六阶

图 5.61　结构前六阶振型模态

　　图 5.62、图 5.63 所示为 X 向和 Y 向计算获得的结构振型曲线与实测振型曲线的比较。从图 5.62、图 5.63 可以看出，计算振型曲线与实测振型曲线总体吻合，计算

振型曲线比实测振型曲线更为光滑，一阶振型都大致为弯剪型，但计算振型与实测振型相比，计算模型刚度更大些，原因在于模型底部和振动台之间不是完全理想刚接的边界条件。

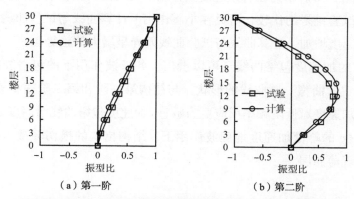

（a）第一阶　　　　　　　　　　（b）第二阶

**图 5.62　计算结构振型曲线与实测振型曲线（X 向）的比较**

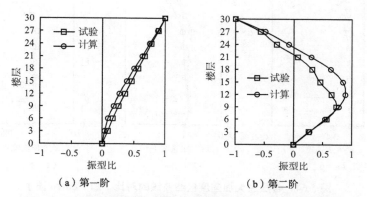

（a）第一阶　　　　　　　　　　（b）第二阶

**图 5.63　计算结构振型曲线与实测振型曲线（Y 向）的比较**

表 5.7 给出了计算获得的结构自振频率与振动台实测的自振频率值的比较，从表 5.8 的比较结果可见，除 Y 向第一阶自振频率外，其他计算值和实测值基本接近，误差在 15% 以内，可以接受。

结构自振频率的比较（Hz）　　　　　　　　　表 5.8

| 阶数 | 实测值 | 计算值 | 计算值 / 实测值 |
| --- | --- | --- | --- |
| X 向第一阶 | 4.59 | 5.15 | 1.122 |
| X 向第二阶 | 29.97 | 31.79 | 1.061 |
| Y 向第一阶 | 4.67 | 5.62 | 1.203 |
| Y 向第二阶 | 29.83 | 35.12 | 1.177 |

## 3. 加速度计算结果的比较

以下仅以地震波为单向输入（Y 向）的试验结果为基础，用以验证弹塑性分析结果的可靠性。

图 5.64 ~ 图 5.66 所示为在各条地震波作用下，计算获得的结构各楼层最大加速度-楼层号曲线与试验结果的比较，可见在小震作用下计算曲线与试验曲线吻合较好，随着地震输入加速度增加，计算曲线与试验曲线差异呈增大的趋势。

从图 5.64 的加速度包络曲线还可以看出，各条波作用下的包络线曲线形状大致类似，基本呈"弯曲型"单曲线的形状，与结构第一阶和第二阶振型模态较为类似，说明模型结构加速度对低阶频率反应更为敏感。加速度包络曲线沿高度变化较为平缓，说明结构在 0.6g 的峰值加速度地震波作用下，结构出现的损伤轻微，抗侧刚度变化不大，也未出现薄弱层。

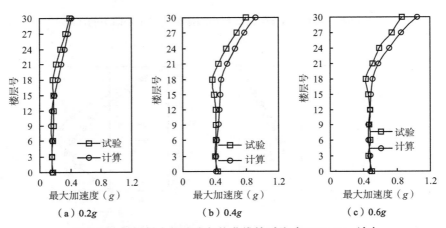

（a）0.2g　　　　　（b）0.4g　　　　　（c）0.6g

图 5.64　各层最大加速度包络曲线的对比（El Centro 波）

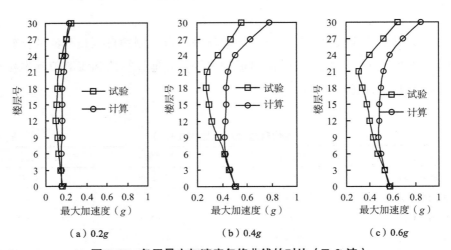

（a）0.2g　　　　　（b）0.4g　　　　　（c）0.6g

图 5.65　各层最大加速度包络曲线的对比（Taft 波）

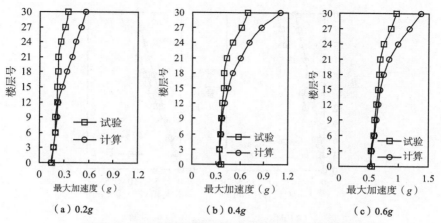

**图 5.66　各层最大加速度包络曲线的对比（天津波）**

**4. 位移计算结果的比较**

图 5.67 所示为各层最大相对位移包络曲线计算与试验的比较，从比较结果可见，计算获得的各层最大相对位移包络曲线与试验曲线的形状相同，但各楼层对应的最大位移值比试验值小，在小震时，结构处于弹性阶段时的计算曲线与试验曲线吻合程度更高些。

从图 5.67 ～ 图 5.69 的各层最大相对位移包络曲线的形状来看，与结构的第一阶和第二阶的振型模态曲线较为接近，呈"弯剪型"，说明结构的低阶频率对结构的位移反应影响较大。从不同峰值加速度的各条波作用下的曲线来看，曲线形状基本没有出现明显的变化，说明结构在地震波作用后，仍保持较好的抗侧刚度，损伤不大。

层间位移角也是结构抗震规范进行弹塑性计算需要控制的重要指标。图 5.70 ～图 5.72 所示为层间位移角包络曲线计算与试验的比较，可见对比不同的地震波输入，计算获得的结构层间位移角的最大值与试验值吻合较好，且计算曲线与试验曲线更为光滑。

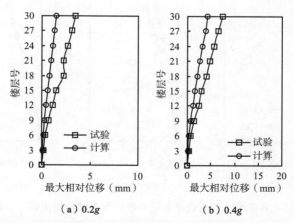

**图 5.67　各层最大相对位移包络曲线计算与试验的比较（El Centro 波）（一）**

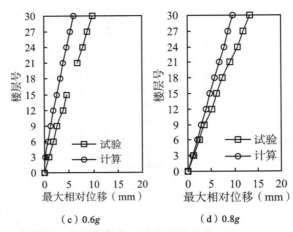

（c）0.6g  （d）0.8g

图 5.67　各层最大相对位移包络曲线计算与试验的比较（El Centro 波）（二）

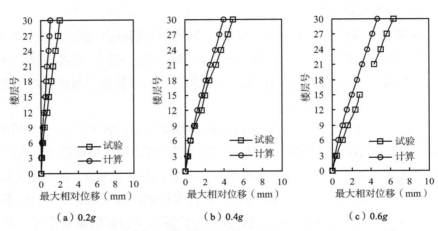

（a）0.2g  （b）0.4g  （c）0.6g

图 5.68　各层最大相对位移包络曲线计算与试验的比较（Taft 波）

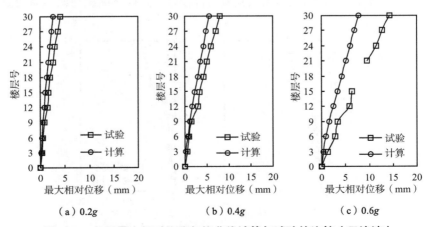

（a）0.2g  （b）0.4g  （c）0.6g

图 5.69　各层最大相对位移包络曲线计算与试验的比较（天津波）

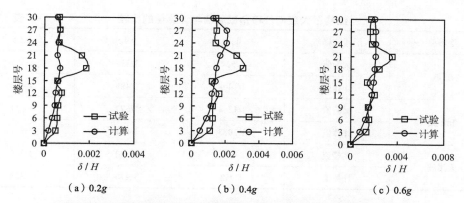

（a）0.2g　　　　　　　（b）0.4g　　　　　　　（c）0.6g

**图 5.70　层间位移角包络曲线计算与试验的比较（EI Centro 波）**

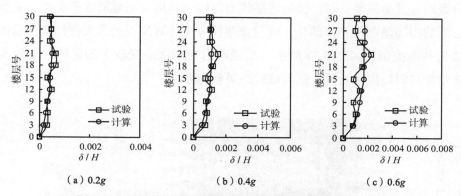

（a）0.2g　　　　　　　（b）0.4g　　　　　　　（c）0.6g

**图 5.71　层间位移角包络曲线计算与试验的比较（Taft 波）**

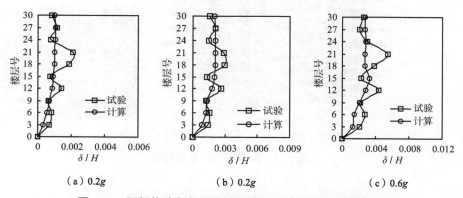

（a）0.2g　　　　　　　（b）0.2g　　　　　　　（c）0.6g

**图 5.72　层间位移角包络曲线计算与试验的比较（天津波）**

　　表 5.8 给出了结构最大层间位移角试验结果与计算结果的比较，可见计算与试验结果比较接近，在各条波作用下的最大层间位移角均小于《建筑抗震设计规范》GB 50011-2010 的要求。

结构最大层间位移角试验值与计算值的比较    表 5.8

| 地震波 | 层间位移角 | 0.2g | 0.4g | 0.6g |
|---|---|---|---|---|
| EI 波 | 试验值 | 1/534 | 1/333 | 1/497 |
| | 计算值 | 1/1408 | 1/485 | 1/469 |
| Taft 波 | 试验值 | 1/1544 | 1/677 | 1/731 |
| | 计算值 | 1/2083 | 1/877 | 1/571 |
| 天津波 | 试验值 | 1/474 | 1/340 | 1/228 |
| | 计算值 | 1/952 | 1/476 | 1/353 |

5. 破坏形态的比较

由振动台试验现象可知，模型底层核心筒四周均出现明显的水平裂缝，主要集中在核心筒的四周角部及洞口部位，这与弹塑性分析计算获得的最大塑性应变云图反应的规律也基本类似，如图 5.73 所示，虚线圈内为塑性应变较大的区域，主要集中在核心筒角部和洞口位置附近，这与试验结果较为吻合。

（a）塑性应变分布　　　　　　　　　　（b）裂缝分布

**图 5.73　结构破坏形态的比较**

本节基于 ABAQUS 有限元软件平台，进行了振动台试件的有限元建模，基于计算结果，对振型模态、自振频率、破坏形态、裂缝分布、最大层位移、层间位移包络曲线、最大加速度包络曲线的计算结果进行了对比分析，计算结果与试验结果基本吻合，地震反应的结构破坏规律与振动台试验研究获得的结论也基本相同。

计算结果与试验结果相比还存在一些差异，可能的原因在于：①振动台模型的底层存在一些变形，与理想刚接的边界条件有所区别；②振动台试验采用的微粒混凝土与软件计算中采用的普通混凝土的本构关系有所区别，尤其是损伤发展的规律有所不同，需要进一步研究；③采用 ABAQUS 软件中的 step 析步技术可以很容易地实现地震动激励全过程分析，结合混凝土塑性损伤模型可以研究损伤累积的过程。但一般的振动台试验都有很多工况，试验为一个模型的多次输入，结构的累积损伤对实测结果也有一定的影响（尧国皇等，2014）。

## 5.3　本章小结

采用本书的研究成果，对收集到的典型实例，包括钢筋混凝土构件、钢管混凝土构件、型钢混凝土构件、型钢 - 钢管混凝土构件、钢管混凝土叠合柱构件、空腹箱形钢骨混凝土构件、钢筋混凝土剪力墙、矩形钢管混凝土 T 形节点、钢管混凝土叠合柱 - 钢梁节点以及清华大学土木系提供的方钢管混凝土框架 - 核心筒结构振动台试验结果进行了验证，计算结果表明，本书的计算结果与试验结果吻合良好，较为充分地验证了研究成果在构件、节点、整体结构弹塑性分析时的可靠性。

# 第 6 章　超高层框架－核心筒结构弹塑性分析

本章建立了典型超高层框架（钢框架、钢筋混凝土框架、钢管混凝土框架）-钢筋混凝土核心筒结构的精细有限元模型，对其进行了罕遇地震作用下的弹塑性时程分析，获得了核心筒和楼板损伤发展过程、基底剪力时程曲线、顶点位移时程曲线和楼层位移角包络曲线等分析结果，通过对计算结果进行分析，可较为清晰地揭示这类结构在罕遇地震作用下的弹塑性工作性能。

本章既是采用前文研究成果对典型的超高层框架-钢筋混凝土核心筒结构进行弹塑性分析，揭示这类结构在罕遇地震作用下的工作特性，又是研究成果的应用实例。

## 6.1　超高层钢框架－钢筋混凝土核心筒的弹塑性时程分析

### 6.1.1　模型参数

设计的典型分析模型为一个 40 层钢框架-混凝土核心筒结构的超高层办公楼，高 150m，层高 4m，结构平面布置如图 6.1 所示，结构标准层平面尺寸为 27m×27m，

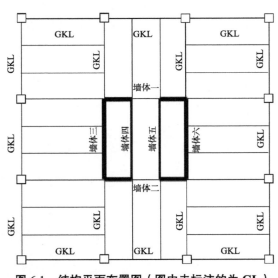

图 6.1　结构平面布置图（图中未标注的为 GL）

柱距 9m。设计使用年限 50 年，设防烈度 7 度，Ⅱ类场地，设计地震分组为第一组。结构主要构件尺寸见表 6.1。框架柱采用箱形截面，框架梁采用焊接 H 型钢。混凝土楼板厚 120mm，$\phi$10@200mm 双向双层配筋。框架梁和框架柱钢材为 Q345 钢，核心筒混凝土强度等级为 C40，楼板混凝土强度等级为 C30（尧国皇，2012；尧国皇等，2012；尧国皇等，2013）。

计算模型的基本尺寸 表 6.1

| 层数 | 外框架柱 GZ（mm） | 主梁 GKL（mm） | 次梁 GL（mm） | 核心筒剪力墙厚度（mm） | |
|---|---|---|---|---|---|
| | | | | 外墙 | 内墙 |
| 1 ~ 15 层 | 800 × 40 | HN700 × 300 × 13 × 24 | HN500 × 200 × 10 × 16 | 600 | 400 |
| 16 ~ 30 层 | 700 × 30 | HN700 × 300 × 13 × 24 | HN500 × 200 × 10 × 16 | 500 | 300 |
| 31 ~ 40 层 | 600 × 30 | HN700 × 300 × 13 × 24 | HN500 × 200 × 10 × 16 | 400 | 200 |

采用本书第 2 章的本构关系模型，此处不再重复。分析模型中的钢梁、钢柱的剪切变形的影响虽然不是非常重要但必须考虑，因此采用三维一阶梁单元 B31 来模拟包含剪切变形的钢梁或钢柱。钢筋混凝土核心筒和楼板采用四节点减缩积分格式的壳单元（S4R），为满足一定的计算精度，在壳单元厚度方向，采用 9 个积分点的 Simpson 积分。钢筋混凝土核心筒和楼板采用 ABAQUS 软件中 Rebar layer 命令进行配筋设置。

一次性加载让上部结构过早参与整体结构的受力，过早参与下部结构的变形协调，与实际情况不符，因此结构动力弹塑性分析应该考虑施工加载模拟。第一步先建立整个模型，然后将第一阶段施工以外的构件"杀死"，求得第一阶段结构的应力状态。依此步骤，再逐步添加各施工阶段的构件，从而求得结构在施工完成后的应力状态，在 ABAQUS 软件中实现该功能的命令为"model change"。考虑到计算时间和计算效率，在本书的有限元分析计算时，每 4 个楼层作为一个施工加载单元。考虑双向地震波输入，地震波输入点在模型底部节点处，地震方向将沿着模型第一和第二模态变形方向，地震波峰值加速度按照 X：Y=1：0.85 输入。时程分析输入 El Centro 波，地震波峰值加速度调整为 310g。

图 6.2 所示为建立的三维非线性有限元分析模型，分析模型的阻尼系统按照本书第 3 章第 3.3 节相关方法确定。分析模型建立后，对模型进行网格划分，为保证足够的计算精度，对于核心筒剪力墙、框架柱等重要构件，网格相应加密，对于楼板等非重要构件，网格相对略粗，但最大单元尺寸不超过 2 m，本计算模型中最大单元尺寸控制在 1 m 以内。

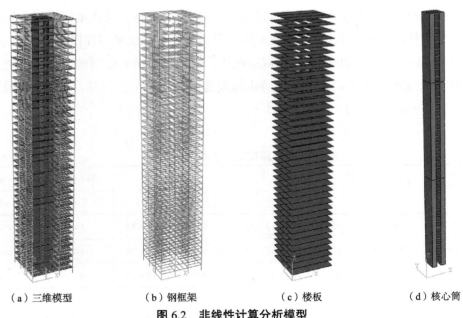

（a）三维模型　　　　（b）钢框架　　　　（c）楼板　　　　（d）核心筒

**图 6.2　非线性计算分析模型**

### 6.1.2　有限元模型的验证

在进行弹塑性动力时程分析前对结构非线性模型（ABAQUS 模型）的各主要弹性性能指标与 ETABS 弹性模型结果进行了对比分析。①结构总质量：ETABS 模型 29.649 万 t（恒载 +0.5 活载）；ABAQUS 模型 30.243 万 t（恒载 +0.5 活载），模型的质量误差约为 2%；②自振周期与振型：表 6.2 给出了 ABAQUS 模型和 ETABS 模型前 12 个振型周期的对比。表 6.2 也给出了 ABAQUS 软件计算获得的考虑施工加载和一次加载情况的周期计算结果，可见对于本典型算例，考虑施工加载与否对结构的自振周期影响不大。

周期比较（s）　　　　　　　　　　　　　　　　　　　　　表 6.2

| 振型 | ABAQUS | | ETABS | 振型 | ABAQUS | | ETABS |
|---|---|---|---|---|---|---|---|
| | 施工加载 | 一次加载 | | | 施工加载 | 一次加载 | |
| 1 | 4.443 | 4.445 | 4.432 | 7 | 0.563 | 0.563 | 0.437 |
| 2 | 3.384 | 3.385 | 3.922 | 8 | 0.392 | 0.392 | 0.382 |
| 3 | 1.594 | 1.594 | 1.560 | 9 | 0.349 | 0.349 | 0.288 |
| 4 | 1.328 | 1.328 | 1.342 | 10 | 0.339 | 0.339 | 0.267 |
| 5 | 0.827 | 0.827 | 0.884 | 11 | 0.264 | 0.264 | 0.242 |
| 6 | 0.650 | 0.650 | 0.447 | 12 | 0.233 | 0.233 | 0.215 |

图 6.3 给出了 ABAQUS 软件和 ETABS 软件计算获得的前三个振型模态的对比，

其中,第一振型为 Y 向平动、第二振型为 X 向平动和第三振型为扭转。对比结果表明,ABAQUS 弹塑性模型与 ETABS 弹性分析模型的动力特性一致。通过以上对比,可认为结构动力弹塑性时程分析的计算模型是准确的。

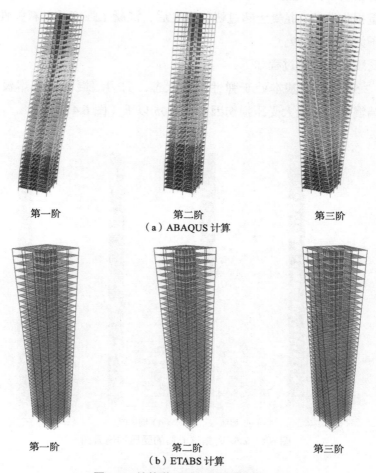

第一阶       第二阶       第三阶

(a) ABAQUS 计算

第一阶       第二阶       第三阶

(b) ETABS 计算

图 6.3 结构前三阶振型模态的对比

### 6.1.3 核心筒混凝土损伤分析

计算时混凝土采用塑性损伤模型,混凝土材料的损伤程度与其应变(或塑性应变)状态相对应,因而研究计算过程中结构混凝土材料的损伤情况,有利于掌握钢筋混凝土核心筒在罕遇地震下的工作状态(尧国皇,2012;尧国皇等,2012;尧国皇等,2013)。

参考以往相关工程动力弹塑性分析的经验,对于混凝土损伤指标,计算中可分为如下四个阶段:无损伤阶段、损伤开始阶段、中度损伤阶段以及严重损伤阶段(严重损伤）。定义如下：

（1）无损伤阶段：混凝土弹性阶段，损伤因子为 0。

（2）损伤开始阶段：界限弹性 - 峰值强度阶段，损伤因子范围为 0 ~ 0.3。

（3）中度损伤阶段：损伤因子范围为 0.3 ~ 0.6。

（4）严重损伤阶段：混凝土超过峰值强度后，混凝土强度及材料弹性模量迅速降低，损伤因子为 0.6 ~ 0.99。

剪力墙受压损伤发展过程如下：

（1）0 ~ 2.5s 内结构基本处于弹性工作状态，剪力墙混凝土基本没有出现受压损伤，剪力墙混凝土的最大受压损伤因子在 0.05 以下（图 6.4）。

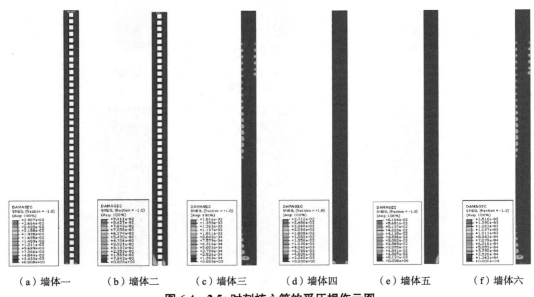

（a）墙体一　　（b）墙体二　　（c）墙体三　　（d）墙体四　　（e）墙体五　　（f）墙体六

**图 6.4　2.5s 时刻核心筒的受压损伤云图**

（2）在双向地震波输入作用下，结构开始振动，底部剪力墙及连梁首先出现损伤，其中底部剪力墙最为明显，在 10s 时刻，混凝土受压损伤约为 0.1，连梁约为 0.4。其他部位混凝土剪力墙则未发生受压损伤（图 6.5）。

（3）随着地震动的持续进行，底部和中上部楼层的连梁损伤因子范围及大小继续发展，剪力墙也有一定的损伤发展，在 25s 时刻，连梁最大受压损伤因子接近为 0.6，大部分剪力墙混凝土的受压损伤因子仍在 0.05 以下（图 6.6）。

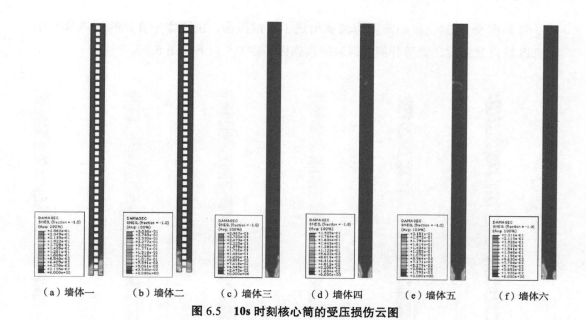

（a）墙体一　　　　（b）墙体二　　　　（c）墙体三　　　　（d）墙体四　　　　（e）墙体五　　　　（f）墙体六

图 6.5　10s 时刻核心筒的受压损伤云图

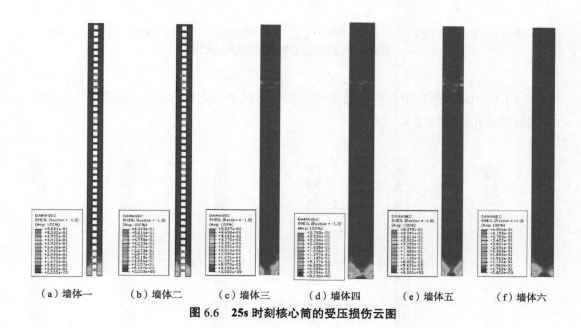

（a）墙体一　　　　（b）墙体二　　　　（c）墙体三　　　　（d）墙体四　　　　（e）墙体五　　　　（f）墙体六

图 6.6　25s 时刻核心筒的受压损伤云图

对于受拉损伤，计算采用的受拉损伤的定义与材料的受拉开裂行为一致，即当主拉应力超过材料抗拉强度值时，材料开裂，同时材料也进入受拉损伤；材料进一步受拉，损伤因子逐渐增加，强度降低。换言之，结构受拉损伤的发生、发展直接反映了受拉裂缝的产生、发展过程，了解结构受拉损伤因子的发展过程即掌握了结构混凝土受拉开裂的全过程。剪力墙受拉损伤发展过程如下：

（1）在 5s 时刻，核心筒剪力墙就出现了受拉损伤，主要集中在结构的底部和中上部区域以及顶层，大部分损伤区域的损伤因子在 0.5 以下（图 6.7）。

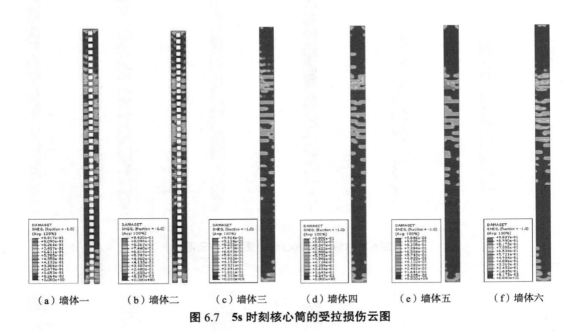

| （a）墙体一 | （b）墙体二 | （c）墙体三 | （d）墙体四 | （e）墙体五 | （f）墙体六 |

**图 6.7　5s 时刻核心筒的受拉损伤云图**

（2）在 10s 时刻，中部剪力墙连梁受拉损伤因子最大约为 0.7，底部剪力墙受拉损伤因子达 0.9（图 6.8）。

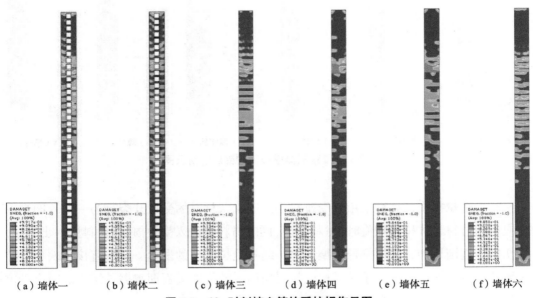

| （a）墙体一 | （b）墙体二 | （c）墙体三 | （d）墙体四 | （e）墙体五 | （f）墙体六 |

**图 6.8　10s 时刻核心筒的受拉损伤云图**

（3）随着地震波的持续输入，从底部剪力墙开始，受拉损伤因子和出现受拉损伤的区域不断增加，同时中部剪力墙连梁的受拉损伤因子继续增加，在 25s 时刻，剪力墙的最大受拉损伤因子约为 0.9，说明最大受拉损伤因子对应的这部分混凝土基本退出工作，剪力墙拉力主要由剪力墙中的钢筋承担（图 6.9）。

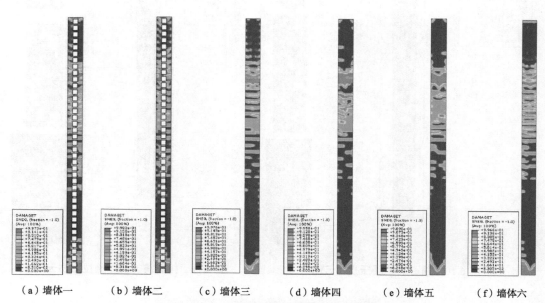

（a）墙体一　　　　（b）墙体二　　　　（c）墙体三　　　　（d）墙体四　　　　（e）墙体五　　　　（f）墙体六

图 6.9　25s 时刻核心筒的受拉损伤云图

从受拉损伤的图形可见，该典型算例结构属于高柔结构，基本周期较长，在地震作用过程中，结构受高阶振型影响较大，有可能产生较高阶的变形形状，使得核心筒剪力墙顶部和中上部楼层出现受拉损伤现象。

图 6.10 给出了钢筋混凝土核心筒整体的最终受压损伤云图和局部放大图，从图 6.10 可以更清楚地看到受压损伤云图的分布区域。图 6.11 给出了钢筋混凝土核心筒整体的最终受拉损伤云图和局部放大图，从图 6.11 可以更清楚地看到受拉损伤云图的分布区域。

图 6.12 给出了 25s 时刻剪力墙壳单元累积塑性应变云图，可见底部剪力墙中部最大塑性应变达到 0.0015，表明此时剪力墙中的钢筋还未发生屈服，但部分连梁的最大塑性拉应变达到 0.0025，表明这些连梁中钢筋已经屈服。

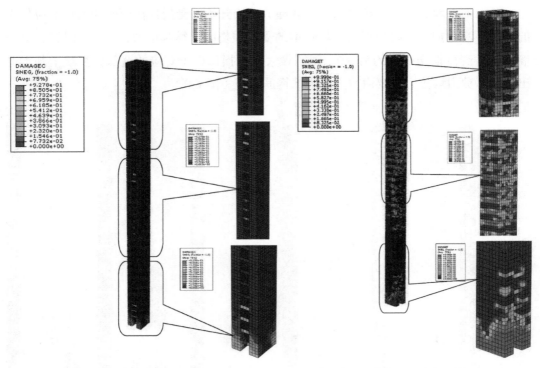

图 6.10　核心筒的受压损伤云图　　　　　　　　图 6.11　核心筒的最终受拉损伤云图

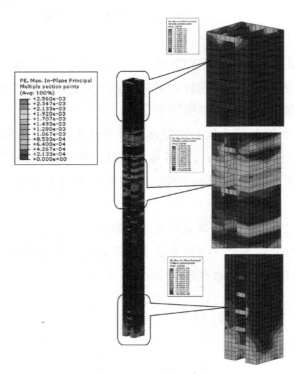

图 6.12　剪力墙壳单元累积塑性受拉应变云图

### 6.1.4　楼板混凝土损伤发展分析

图 6.13 给出了全部楼板和各典型楼层楼板的最终受压损伤云图，可见钢筋混凝土楼板的受压损伤程度随结构层的增加变化不大，楼面中部楼板受压损伤程度较外部楼面楼板严重，但其最大受压损伤因子不超过 0.25。图 6.14 给出了全部楼板和各典型楼层楼板的最终受拉损伤云图，可见结构底部楼层和结构中上部楼层楼板受拉损伤程度较中下部楼层楼板严重，其最大受拉损伤因子为 0.97。从典型楼层（第 30 层）的受拉云图可见，与框架柱连接处和核心筒开洞处连接楼板的受拉损伤较其余部位大，设计时应加强这些部位的配筋和构造措施。

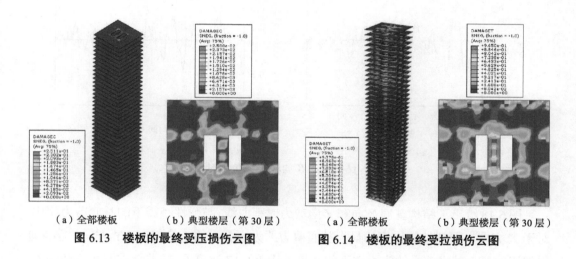

|（a）全部楼板　　　（b）典型楼层（第 30 层）|（a）全部楼板　　　（b）典型楼层（第 30 层）|
|---|---|
|**图 6.13　楼板的最终受压损伤云图**|**图 6.14　楼板的最终受拉损伤云图**|

### 6.1.5　钢框架应力分析

外钢框架的应力随着双向地震波的输入而不断变化，图 6.15 所示为地震波的输

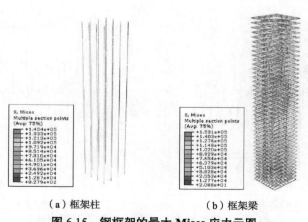

（a）框架柱　　　　　　　（b）框架梁

**图 6.15　钢框架的最大 Mises 应力云图**

入时间历程中钢框架中框架柱和框架梁最大的 Mises 应力时刻云图，可见对于框架柱，最大的 Mises 应力为 145.4MPa；对于框架梁，最大的 Mises 应力为 153.1MPa，表明在整个地震波的输入时间历程中，外框架的钢材未进入屈服阶段。

### 6.1.6 位移和基底剪力时程曲线、层间位移角

图 6.16 给出了楼层顶点标高处 X 向和 Y 向位移时程曲线，可见两个方向的位移时程曲线有一定的区别，最大位移数值差别不大。

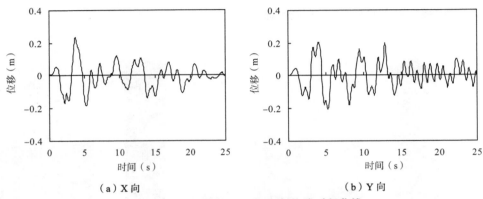

（a）X 向        （b）Y 向

**图 6.16 结构顶点 X 向和 Y 向位移时程曲线**

图 6.18 给出了结构基底 X 向和 Y 向剪力时程曲线，与弹性小震下的基底剪力相比，对于 X 方向，罕遇地震作用的最大基底剪力约为小震下的 6 倍；对于 Y 方向，罕遇地震作用的最大基底剪力约为小震下的 9 倍。从图 6.17 还可见，随着地震波的不断输入，核心筒混凝土逐渐进入弹塑性阶段和出现损伤，钢框架承担的水平力增加，由于混凝土筒体随着时间的推移先逐渐破坏，核心筒结构刚度下降，而钢框架的破坏情况落后于混凝土核心筒，水平力就由筒体向框架转移。

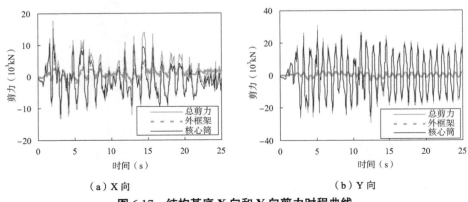

（a）X 向        （b）Y 向

**图 6.17 结构基底 X 向和 Y 向剪力时程曲线**

图 6.18 给出了 EI 波作用下该钢框架 - 钢筋混凝土核心筒结构的层间位移角包络曲线。表 6.3 给出了结构在罕遇地震波双向输入作用下结构最大层间位移角，可见均远小于规范限值 1/100 的要求，能满足《建筑抗震设计规范》GB 50011-2010 规定的弹塑性层间位移要求。

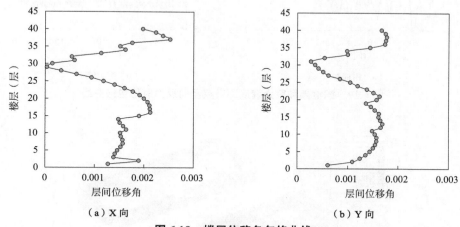

（a）X 向　　　　　　　　　　　　（b）Y 向

图 6.18　楼层位移角包络曲线

结构最大层间位移角　　　　　　　　　　　　表 6.3

| EI 波 | 最大层间位移角 | 楼层 |
|---|---|---|
| X 向 | 1/395 | 37 |
| Y 向 | 1/564 | 38 |

### 6.1.7　框架和剪力墙底部节点轴力检查

在对超高层结构的受力状态分析中，比较关心的一个问题是罕遇地震作用下，剪力墙和柱子底部是否会出现受拉的情况，可通过剪力墙和柱子底部节点的竖向反力时程曲线来判断，若在节点反力时程曲线中出现小于零的情况，说明构件在地震过程中出现了受拉；反之，如果时程曲线中节点反力均大于零，则说明构件一直处于受压状态。钢框架和剪力墙底部节点竖向反力时程包络曲线见图 6.19。

由图 6.19（a）可以看出，所有柱子底部节点竖向反力均大于零，也就是说，所有柱子在整个时间历程中均处于受压状态，未出现受拉情况。图 6.19（b）给出了所有剪力墙底部节点的竖向反力时程包络曲线，可见剪力墙节点出现了受拉的情况，这和前面剪力墙底部出现受拉损伤的结果相一致。

图 6.20 给出了剪力墙底部塑性应变云图，可见剪力墙中钢筋还未进入屈服阶段，仍可承担地震倾覆弯矩产生的拉力。因此，建议在核心筒底部加强区域，采取增设型钢或提高剪力墙配筋率等措施，改善结构的抗震性能。

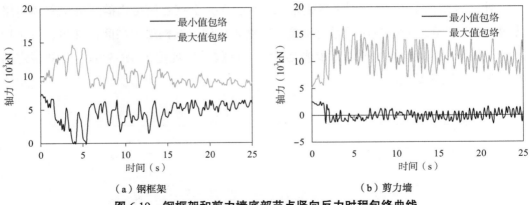

（a）钢框架　　　　　　　　　　　（b）剪力墙

图 6.19　钢框架和剪力墙底部节点竖向反力时程包络曲线

图 6.20　剪力墙底部塑性应变云图

## 6.1.8　整体结构能量分析

图 6.21、图 6.22 给出了结构弹塑性分析和弹性分析计算获得的结构能量输入时程，可见在随着地震作用的不断输入，结构输入的能量不断增加，在计算终止时刻达到峰值，结构的动能在计算终止时趋近于零，它是一个只参与能量转化而不参与结构能量

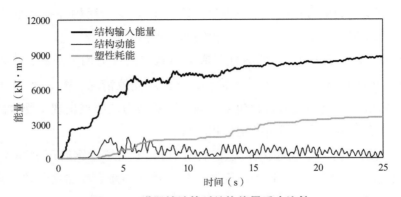

图 6.21　弹塑性计算时结构能量反应比较

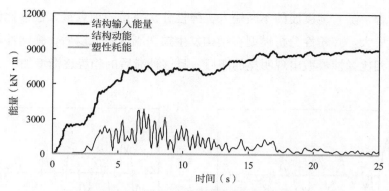

图 6.22 弹性计算时结构能量反应比较

吸收的变量。对于弹塑性计算，结构的塑性变形引起的耗能不断增加后趋于平稳（尧国皇等，2013）。

通过比较可见，弹塑性计算和弹性计算结构输入能量差别不大，但结构动能和结构塑性耗能差别较大（弹性计算时结构塑性耗能恒为零）。

### 6.1.9 弹塑性反应与弹性反应计算结果的比较

图 6.23 给出了大震弹塑性分析和大震弹性分析基底剪力时程曲线的比较，可见由于结构在罕遇地震作用下混凝土发生损伤乃至破坏，出现了塑性变形，结构的侧向刚度随之减弱，使得总体上大震弹塑性分析获得的最大基底剪力比大震弹性分析的基底剪力要小。

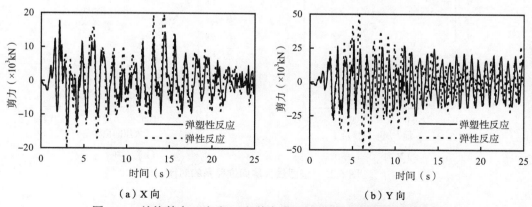

（a）X 向　　　　　　　　　　　　　　　　（b）Y 向

图 6.23 结构基底 X 向和 Y 向剪力弹塑性和弹性时程曲线的对比

图 6.24 给出了大震弹塑性分析和大震弹性分析顶点位移时程曲线的比较，从图中可以看出，地震波输入初期，由于结构处于弹性阶段，弹性分析和弹塑性分析计算

结果基本重合，随着地震波的不断输入，弹性分析获得的顶点最大位移比弹塑性分析的计算结果要大。弹塑性分析模型在结构发生损伤刚度降低以后，弹塑性模型顶点位移时程曲线相比弹性模型出现明显的滞后，且这种滞后的趋势逐渐增加。

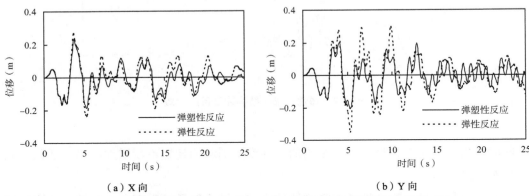

（a）X 向　　　　　　　　　　　（b）Y 向

**图 6.24　结构顶点位移 X 向和 Y 向剪力弹塑性和弹性时程曲线的对比**

图 6.25 给出了大震弹塑性分析和大震弹性分析计算获得楼层最大层间位移角的比较情况，可见大震弹性分析获得的最大楼层位移和层间位移角的数值更大，最大层间位移角出现的楼层基本一致。

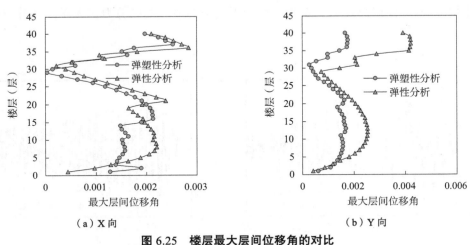

（a）X 向　　　　　　　　　　　（b）Y 向

**图 6.25　楼层最大层间位移角的对比**

表 6.4 给出了大震弹性分析和弹塑性分析计算时，结构获得的最大层间位移角的数值和对应的楼层，可见弹性分析计算获得的最大层间位移角数值更大，最大层间位移角对应的楼层位置基本相同。

**最大层间位移角的比较**　　　　　　　　　　　　　　　　　　　表 6.4

| EI 波 | | 最大层间位移角 | 所在楼层 |
|---|---|---|---|
| 弹塑性分析 | X 向 | 1/395 | 37 |
| | Y 向 | 1/564 | 38 |
| 弹性分析 | X 向 | 1/370 | 37 |
| | Y 向 | 1/237 | 37 |

通过以上的对比分析结果可见，弹塑性分析模型在结构进入弹塑性阶段之后，结构刚度降低，与弹性分析结果相比，结构的地震反应程度更小且存在滞后现象。

### 6.1.10　分析结论

本节以一典型的超高层钢框架-钢筋混凝土核心筒结构为例，详细阐述了其在罕遇地震作用下的弹塑性时程分析的相关过程和计算结果，并对计算结果进行分析、比较和总结，在本算例研究的参数范围内，可以得到以下结论：

（1）罕遇地震作用下，结构位于底部、中上部和顶部的剪力墙出现了中等程度的损伤，但剪力墙中钢筋基本未出现屈服。

（2）罕遇地震作用下，结构中的连梁在罕遇地震波双向输入作用下出现损伤程度较为严重，起到了一定的耗能作用，部分连梁钢筋进入屈服阶段；顶部、中下部楼层楼板在罕遇地震下损伤情况较为明显，需要适当加大该区域楼板配筋。

（3）罕遇地震作用下，结构最大层间位移角小于规范限值，可抵御 7 度大震地震波（峰值加速度 310gal），能够实现"大震不倒"的性能目标。

（4）在大震作用下，超高层钢框架-钢筋混凝土核心筒结构剪力墙底部有可能出现拉力，应采用弹塑性分析方法来确定该拉力的大小，并采取相应的配筋措施。

## 6.2　超高层钢筋混凝土框架－钢筋混凝土核心筒的弹塑性时程分析

### 6.2.1　模型参数

设计的典型分析模型为一个 40 层钢筋混凝土框架-混凝土核心筒结构的超高层办公楼，高 160m，层高 4m，结构平面布置如图 6.26 所示，结构标准层平面尺寸为 27m×27m，柱距 9m。设计使用年限 50 年，设防烈度 7 度（0.1g），Ⅱ类场地，设计地震分组为第一组。框架柱采用矩形截面，框架梁采用矩形钢筋混凝土梁。混凝土楼板厚 120mm，$\phi10@200mm$ 双向双层配筋。框架柱和核心筒混凝土强度等级为 C50，楼板混凝土强度等级为 C30。

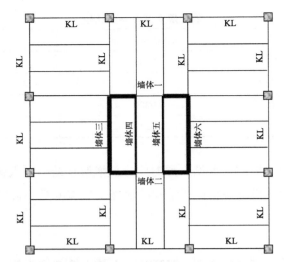

**图 6.26　结构平面布置图（图中未标注的为次梁 L）**

图 6.27 所示为结构弹塑性分析模型。钢材（钢筋）和混凝土仍采用本书第 2 章中的材料本构关系模型，此处不再重复。对于钢筋混凝土柱采用本书第 2 章的模拟方法，即钢筋混凝土柱由混凝土柱和等效的箱形截面钢管柱叠合而成，钢筋混凝土梁由混凝土梁和工字形钢梁组合而成，混凝土框架中的混凝土采用用户材料子程序模拟（尧国皇，2012；尧国皇等，2013b）。

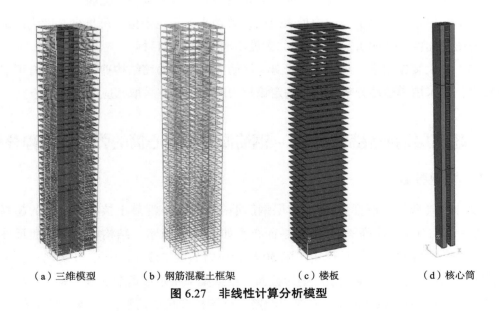

（a）三维模型　　（b）钢筋混凝土框架　　（c）楼板　　（d）核心筒
**图 6.27　非线性计算分析模型**

在进行弹塑性动力时程分析前对结构非线性模型（以下简称 ABAQUS 模型）的各主要弹性性能指标与 ETABS 弹性模型结果进行了对比分析。在考虑 $P\text{-}\Delta$ 效应时，

ABAQUS 程序能够同时考虑几何非线性与材料非线性。结构的动力平衡方程建立在结构变形后的几何状态上，因此 $P$-$\Delta$ 效应被自动考虑。

计算模型的基本尺寸如表 6.5 所示。有限元分析模型的阻尼系统设置方法和地震波输入方法同本章第 6.2 节，此处不再重复。

计算模型的基本尺寸　　　表 6.5

| 层数 | 外框架柱 KZ（mm） | 主梁 KL（mm） | 次梁 L（mm） | 核心筒剪力墙厚度（mm） | |
|---|---|---|---|---|---|
| | | | | 外墙 | 内墙 |
| 1 ~ 15 层 | 1600 × 1600 | 600 × 800 | 400 × 700 | 600 | 400 |
| 16 ~ 30 层 | 1200 × 1200 | 600 × 800 | 400 × 700 | 500 | 300 |
| 31 ~ 40 层 | 1000 × 1000 | 600 × 800 | 400 × 700 | 400 | 200 |

结果显示非线性模型和弹性模型吻合得比较好，能够很好地反映结构的各项性能表现，因此可以用作罕遇地震下的动力分析。

1. 结构总质量

ETABS 模型：47.588 万 t（DL+0.5LL）；ABAQUS 模型：48.156 万 t（DL+0.5LL），模型的质量误差约为 2%。

2. 自振周期与振型

表 6.6 给出了 ABAQUS 模型和 ETABS 模型前 12 个振型周期的对比。表 1 给出了 ABAQUS 软件计算获得的考虑施工加载和一次加载情况的周期计算结果，可见对于本典型算例，考虑施工加载与否对结构的自振周期影响不大。图 6.28 给出了 ABAQUS 软件和 ETABS 软件计算获得的前三 阶振型模态对比，其中，第一振型为 Y 向平动、第二振型为 X 向平动和第三振型为扭转。结果显示，ABAQUS 弹塑性模型与 ETABS 弹性分析模型的动力特性是一致的。通过以上对比，可认为用于罕遇地震作用下的结构动力弹塑性时程分析的计算模型是准确的（尧国皇等，2013b）。

周期比较（s）　　　表 6.6

| 振型 | ABAQUS | | ETABS | 振型 | ABAQUS | | ETABS |
|---|---|---|---|---|---|---|---|
| | 施工加载 | 一次加载 | | | 施工加载 | 一次加载 | |
| 1 | 3.521 | 3.522 | 3.487 | 7 | 0.594 | 0.594 | 0.440 |
| 2 | 2.895 | 2.896 | 3.457 | 8 | 0.409 | 0.409 | 0.413 |
| 3 | 1.885 | 1.885 | 1.514 | 9 | 0.373 | 0.373 | 0.331 |
| 4 | 1.137 | 1.137 | 0.954 | 10 | 0.371 | 0.371 | 0.261 |
| 5 | 0.811 | 0.811 | 0.928 | 11 | 0.278 | 0.278 | 0.237 |
| 6 | 0.682 | 0.682 | 0.544 | 12 | 0.259 | 0.259 | 0.231 |

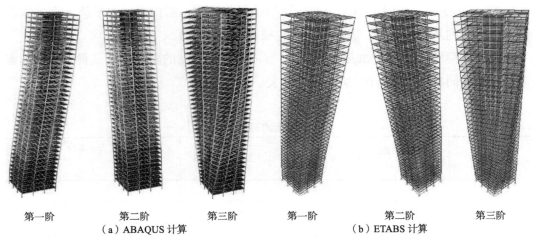

第一阶　　　　第二阶　　　　第三阶　　　　第一阶　　　　第二阶　　　　第三阶
（a）ABAQUS 计算　　　　　　　　　　（b）ETABS 计算
图 6.28　结构前三阶振型模态

## 6.2.2　核心筒混凝土损伤分析

剪力墙受压损伤发展过程如下：

（1）0～2.5s 内结构基本处于弹性工作状态，剪力墙混凝土基本没有出现受压损伤，剪力墙混凝土的最大受压损伤因子在 0.01 以下（图 6.29）。

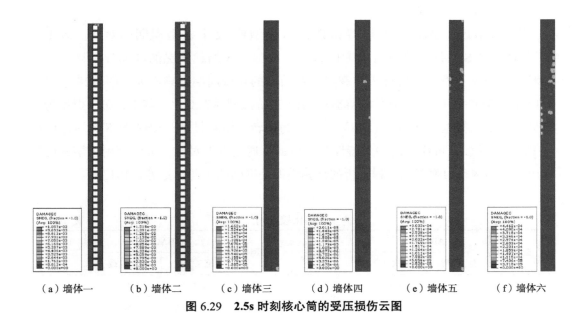

（a）墙体一　　　（b）墙体二　　　（c）墙体三　　　（d）墙体四　　　（e）墙体五　　　（f）墙体六
图 6.29　2.5s 时刻核心筒的受压损伤云图

（2）在双向地震波输入作用下，结构开始振动，底部剪力墙及连梁首先出现损伤，其中底部剪力墙最为明显，在 10s 时刻，顶部混凝土连梁受压损伤约为 0.02。其他部位混凝土剪力墙则未发生受压损伤（图 6.30）。

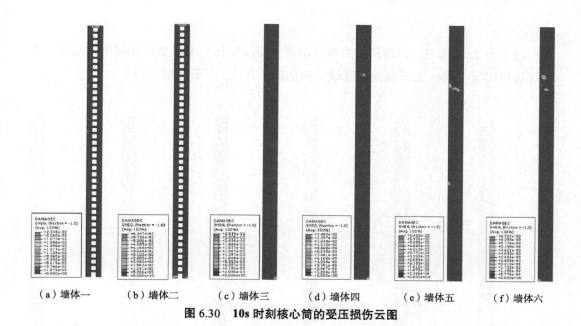

（a）墙体一　　（b）墙体二　　（c）墙体三　　（d）墙体四　　（e）墙体五　　（f）墙体六

图 6.30　10s 时刻核心筒的受压损伤云图

（3）随着地震动的持续进行，底部和中上部楼层的连梁损伤因子范围及大小继续发展，剪力墙也有一定的损伤发展，在 25s 时刻，剪力墙混凝土的受压损伤因子仍在 0.05 以下（图 6.31）。

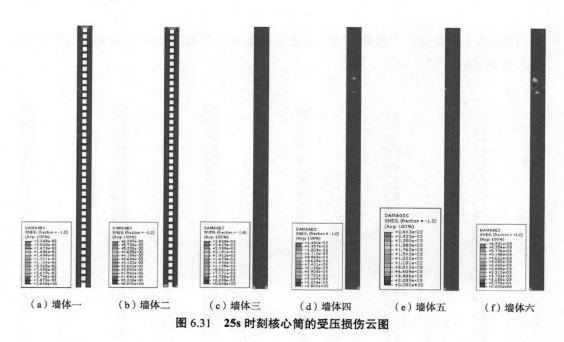

（a）墙体一　　（b）墙体二　　（c）墙体三　　（d）墙体四　　（e）墙体五　　（f）墙体六

图 6.31　25s 时刻核心筒的受压损伤云图

结构受拉损伤的发生、发展直接反映了受拉裂缝的产生、发展过程，了解结构受拉损伤因子的发展过程即掌握了结构混凝土受拉开裂的全过程。剪力墙受拉损伤发展过程如下：

（1）在2.5s时刻，核心筒剪力墙就出现了受拉损伤，主要集中在结构的底部和中上部区域以及顶层，大部分损伤区域的损伤因子在0.5以下（图6.32）。

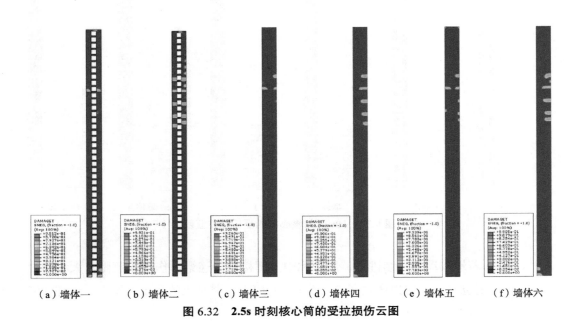

（a）墙体一　　（b）墙体二　　（c）墙体三　　（d）墙体四　　（e）墙体五　　（f）墙体六

图6.32　2.5s时刻核心筒的受拉损伤云图

（2）在10s时刻，中部剪力墙连梁受拉损伤因子最大约为0.7，底部剪力墙受拉损伤因子达0.9（图6.33）。

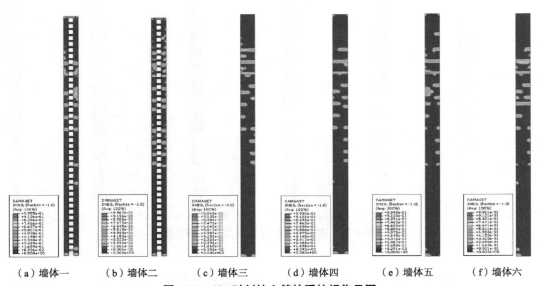

（a）墙体一　　（b）墙体二　　（c）墙体三　　（d）墙体四　　（e）墙体五　　（f）墙体六

图6.33　10s时刻核心筒的受拉损伤云图

（3）随着地震波的持续输入，从底部剪力墙开始，受拉损伤因子和出现受拉损伤的区域不断增加，同时中部剪力墙连梁的受拉损伤因子继续增加，在 25s 时刻，剪力墙的最大受拉损伤因子约为 0.9，说明此时混凝土受拉基本退出工作，剪力墙拉力主要由剪力墙中的钢筋承担（图 6.34）。

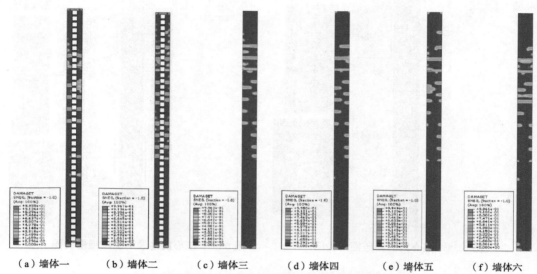

（a）墙体一　　　（b）墙体二　　　（c）墙体三　　　（d）墙体四　　　（e）墙体五　　　（f）墙体六

图 6.34　25s 时刻核心筒的受拉损伤云图

与上一节计算结果类似，对于高柔结构，基本周期较长，在地震作用过程中，结构受高阶振型影响较大，有可能产生较高阶的变形形状，使得核心筒顶部和中上部楼层出现受拉损伤现象。

图 6.35 给出了钢筋混凝土核心筒整体的最终受压损伤云图和局部放大图，从图中可以更清楚地看到受压损伤云图的分布区域。图 6.36 给出了钢筋混凝土核心筒整体的最终受拉损伤云图和局部放大图，从图中可以更清楚地看到受拉损伤云图的分布区域。

图 6.37 给出了 25s 时刻剪力墙壳单元累积塑性应变云图，可见最大塑性应变出现在核心筒中上部区域，其最大值达到 0.0011，底部剪力墙中部最大塑性应变达到 0.0007，表明此时剪力墙中的钢筋还未发生屈服。

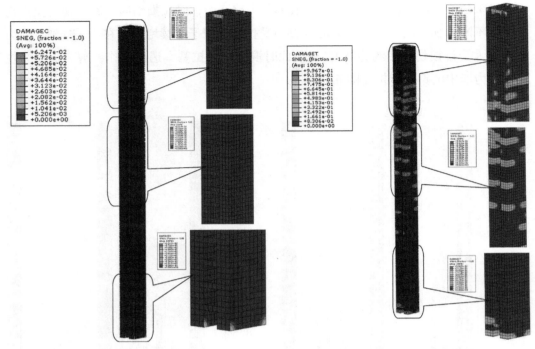

图 6.35　核心筒的受压损伤云图　　　　图 6.36　核心筒的最终受拉损伤云图

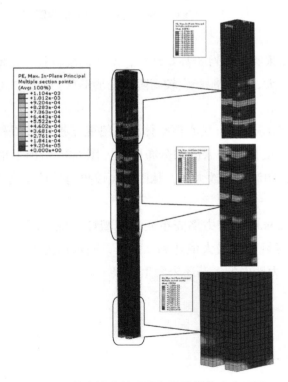

图 6.37　剪力墙壳单元累积塑性受拉应变云图

### 6.2.3　楼板混凝土损伤发展分析

计算结果表明，除顶层楼板外，钢筋混凝土楼板的受压损伤程度随结构层的增加变化不大，图 6.38 给出了整体楼板和各典型楼层楼板的最终受压损伤云图，可见楼面中部楼板受压损伤程度较外部楼面楼板严重，但其最大受压损伤因子也不超过 0.1。图 6.39 给出了整体楼板和各典型楼层楼板的最终受拉损伤云图，可见顶部和中上部楼层楼板受拉损伤程度较中下部楼层楼板严重，其最大受拉损伤因子约为 0.9。

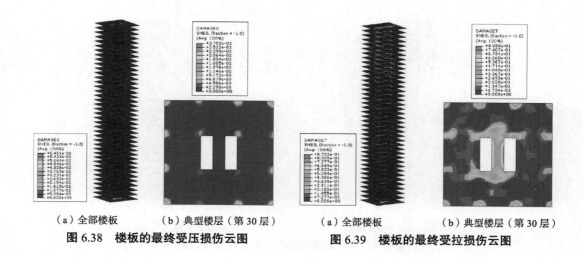

（a）全部楼板　　（b）典型楼层（第 30 层）　　　　（a）全部楼板　　（b）典型楼层（第 30 层）

图 6.38　楼板的最终受压损伤云图　　　　　　图 6.39　楼板的最终受拉损伤云图

### 6.2.4　框架应力分析

图 6.40 所示为 25s 计算时间中钢筋混凝土外框架中框架柱和框架梁中钢筋的最

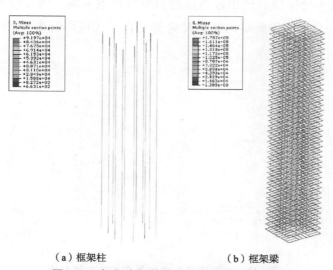

（a）框架柱　　　　　　（b）框架梁

图 6.40　框架中钢筋的最大 Mises 应力云图

大 Mises 应力云图，从图 6.38、图 6.39 可见，对于框架柱，钢筋最大的 Mises 应力为
91.97 MPa；对于框架梁，钢筋最大的 Mises 应力为 175.7MPa，表明在计算终止时刻，
外框架的钢筋未进入屈服阶段。

图 6.41 所示为 25s 时刻钢筋混凝土外框架中框架柱和框架梁混凝土受压损伤和受
拉损伤云图，可见外框架中混凝土受压损伤很小，最大受压损伤值为 0.003；外框架
中混凝土受拉损伤主要集中在框架梁上，最大受拉损伤值为 0.98。

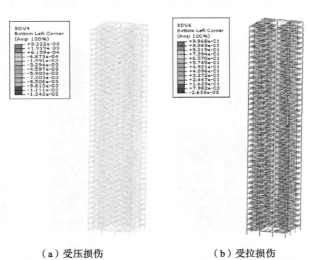

（a）受压损伤　　　　　　　　（b）受拉损伤

**图 6.41　25s 时刻框架中混凝土的损伤云图**

## 6.2.5　位移和基底剪力时程曲线、层间位移角

分析结果表明，在地震波的不断输入下，随着楼层高度不断增加，结构最大位移
值不断增加，且各楼层位移值出现峰值的对应时刻也不同。图 6.42 给出了结构楼层
顶点 X 向和 Y 向位移时程曲线，可见 X 向和 Y 向最大位移值基本相同。

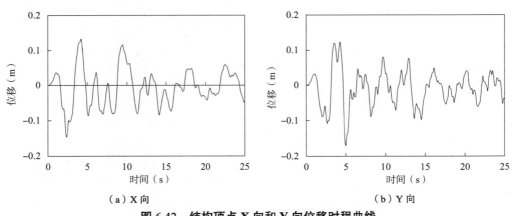

（a）X 向　　　　　　　　　　　（b）Y 向

**图 6.42　结构顶点 X 向和 Y 向位移时程曲线**

图 6.43 给出了结构基底 X 向和 Y 向剪力时程曲线，与弹性小震下的基底剪力相比，对于 X 方向，罕遇地震作用的最大基底剪力约为小震下的 6 倍；对于 Y 方向，罕遇地震作用的最大基底剪力约为小震下的 9 倍。从图 6.43 还可见，随着地震波的不断输入，外框架和核心筒混凝土逐渐进入弹塑性阶段和出现损伤，刚度下降，结构基底剪力也逐步下降。

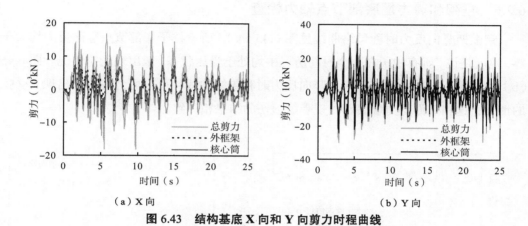

（a）X 向　　　　　　　　　　　　　（b）Y 向

**图 6.43　结构基底 X 向和 Y 向剪力时程曲线**

表 6.7 给出了结构在罕遇地震波双向输入作用下结构最大层间位移角和所出现楼层，可见最大层间位移角出现在结构的顶部区域，均远小于规范限值 1/100 的要求，能满足《建筑抗震设计规范》GB 50011-2010 规定的弹塑性层间位移要求。

图 6.44 给出了 EI 波作用下该钢筋混凝土框架 - 核心筒结构的楼层层间位移角包络曲线。

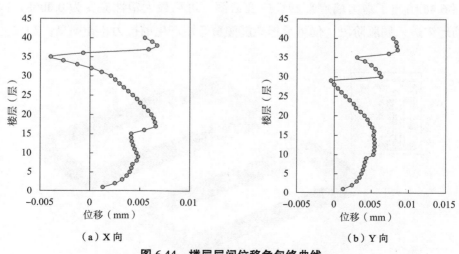

（a）X 向　　　　　　　　　　　　　（b）Y 向

**图 6.44　楼层层间位移角包络曲线**

| 结构最大层间位移角 | | 表 6.7 |
|---|---|---|
| EI 波 | 最大层间位移角 | 楼层 |
| X 向 | 1/595 | 38 |
| Y 向 | 1/545 | 36 |

### 6.2.6　框架和剪力墙底部节点轴力检查

　　钢框架竖向反力时程包络曲线见图 6.45（a），所有柱子底部节点竖向反力均大于零，也就是说，所有柱子在整个时间历程中均处于受压状态，未出现受拉情况。图 6.45（b）给出了所有剪力墙底部节点竖向反力时程包络曲线，可见剪力墙节点出现了受拉的情况，这和前面剪力墙底部出现受拉损伤的结果相一致。

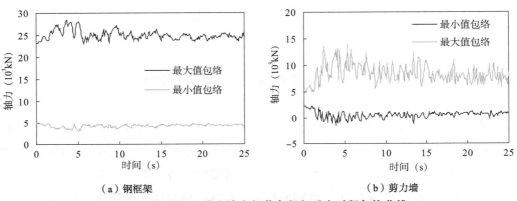

（a）钢框架　　　　　　　　　　　　（b）剪力墙
**图 6.45　钢框架和剪力墙底部节点竖向反力时程包络曲线**

　　图 6.46 给出了剪力墙底部塑性应变云图，可见最大塑性应变为 0.0008，剪力墙中钢筋还未进入屈服阶段，仍可承担地震倾覆弯矩产生的拉力（尧国皇，2012）。

**图 6.46　剪力墙底部塑性应变云图**

### 6.2.7　弹塑性反应与弹性反应计算结果的比较

以下将结构弹性大震时程分析的计算结果和结构弹塑性大震时程分析的计算结果进行比较，进一步说明结构在罕遇地震作用下的弹塑性性能。

图 6.47 给出了大震弹塑性分析和大震弹性分析基底剪力时程曲线的比较，可见由于结构在罕遇地震作用下外框架和核心筒混凝土发生损伤乃至破坏，出现了塑性变形，结构的侧向刚度随之减弱，使得总体上大震弹塑性分析获得的最大基底剪力比大震弹性分析的基底剪力要小，且最大值出现的时刻也不同（尧国皇等，2013b）。

图 6.48 给出了大震弹塑性分析和大震弹性分析顶点位移时程曲线的比较，从图中可以看出，地震波输入初期，由于结构处于弹性阶段，弹性分析和弹塑性分析计算结果基本重合，随着地震波的不断输入，弹性分析获得顶点最大位移比弹塑性分析的计算结果要大。弹塑性分析模型在结构发生损伤刚度降低以后，弹塑性模型顶点位移时程曲线相比弹性模型出现明显的滞后，且这种滞后的趋势随着地震波输入的时间逐渐增加。

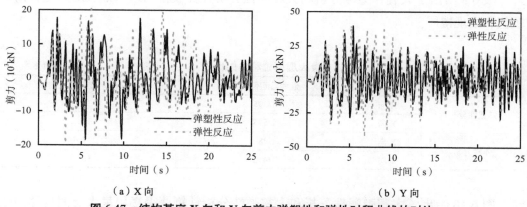

（a）X 向　　　　　　　　　　　（b）Y 向

**图 6.47　结构基底 X 向和 Y 向剪力弹塑性和弹性时程曲线的对比**

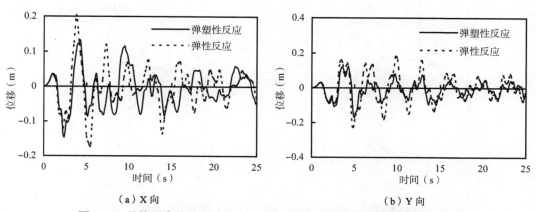

（a）X 向　　　　　　　　　　　（b）Y 向

**图 6.48　结构顶点位移 X 向、Y 向和 Z 向弹塑性和弹性时程曲线的对比**

图 6.49 给出了弹塑性分析和弹性分析顶点加速度时程曲线的比较，可见弹性分析获得顶点最大加速度比弹塑性分析的数值要大，且峰值出现的时刻也不相同。

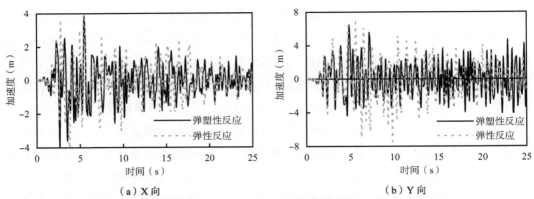

（a）X 向 　　　　　　　　　　　　　（b）Y 向

**图 6.49　结构顶点加速度 X 向和 Y 向弹塑性和弹性时程曲线的对比**

表 6.8 给出了大震弹塑性分析和大震弹性分析计算获得的结构最大层间位移角的数值和出现楼层。

最大层间位移角的比较　　　　　　　　　　　　　　　　　　　表 6.8

| EI 波 | | 最大层间位移角 | 楼层 |
|---|---|---|---|
| 弹塑性分析 | X 向 | 1/595 | 38 |
| | Y 向 | 1/545 | 36 |
| 弹性分析 | X 向 | 1/484 | 37 |
| | Y 向 | 1/412 | 36 |

图 6.50 给出了大震弹塑性分析和大震弹性分析计算获得楼层最大层间位移角包

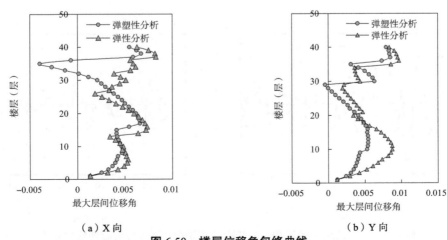

（a）X 向 　　　　　　　　　　　　　（b）Y 向

**图 6.50　楼层位移角包络曲线**

络曲线的对比，可见大震弹性分析获得的最大层间位移角的数值更大，最大层间位移角出现的楼层基本一致。

### 6.2.8 分析结论

本节以一典型的超高层钢筋混凝土框架 - 钢筋混凝土核心筒结构为例，详细阐述了其在罕遇地震作用下的弹塑性时程分析的相关过程和计算结果，并对计算结果进行分析、比较和总结，得到的结论与上一节基本相同，此处不再重复。

## 6.3 超高层钢管混凝土框架 – 钢筋混凝土核心筒的弹塑性时程分析

### 6.3.1 模型参数

本章拟采用本书第 5 章的钢管混凝土框架 - 核心筒结构振动台模型的试验参数为基础的有限元分析模型，进行结构体系的动力弹塑性分析，以期对钢管混凝土框架 -RC 核心筒混合结构的抗震性能进行分析，以进一步研究钢管混凝土框架 -RC 核心筒混合结构的抗震性能。输出的地震反应主要包括剪力墙混凝土的损伤过程、钢管混凝土框架的损伤和应力分析，剪力时程曲线和位移时程曲线等（尧国皇等，2014）。

### 6.3.2 核心筒和楼板混凝土损伤分析

1. 核心筒混凝土的损伤分析

第 6.1 节和第 6.2 节详细给出了剪力墙混凝土在地震波输入各时刻的损伤演化过程，此处不再重复。以 EI 波输入为例，图 6.51 ~图 6.58 所示为在不同加速度峰值地震波作用下，核心筒混凝土的最终受压损伤和最终受拉损伤云图。

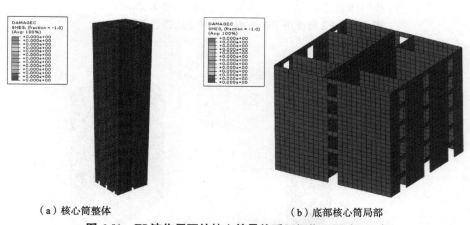

（a）核心筒整体　　　　　　　　　　（b）底部核心筒局部

图 6.51　EI 波作用下的核心筒最终受压损伤云图（0.2g）

开裂、损伤与刚度恢复通过 ABAQUS 软件中塑性损伤模型中受拉损伤因子、受压损伤因子、刚度恢复因子来综合模拟，其值均在 0 ~ 1 变化，0 代表无损伤开裂，1 代表完全损伤开裂。由 ABAQUS 后处理中显示的这些因子数值和分布情况，可以知道混凝土裂缝发展和分布。

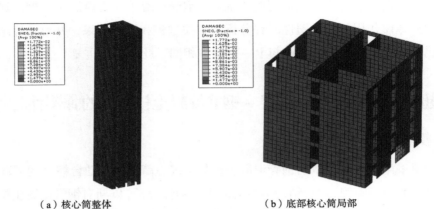

（a）核心筒整体　　　　　　　　（b）底部核心筒局部

**图 6.52　EI 波作用下的核心筒最终受压损伤云图（0.4g）**

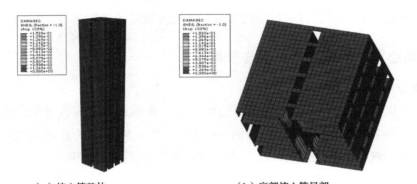

（a）核心筒整体　　　　　　　　（b）底部核心筒局部

**图 6.53　EI 波作用下的核心筒最终受压损伤云图（0.6g）**

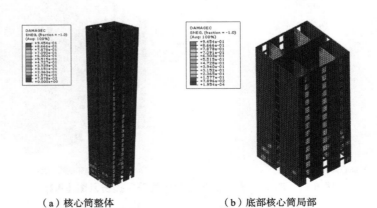

（a）核心筒整体　　　　　　　　（b）底部核心筒局部

**图 6.54　EI 波作用下的核心筒最终受压损伤云图（0.8g）**

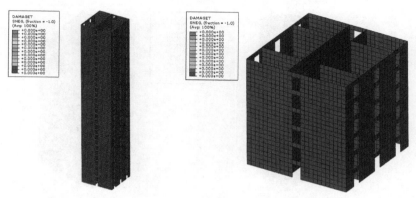

（a）核心筒整体　　　　　　　（b）底部核心筒局部

图 6.55　**EI 波作用下的核心筒最终受拉损伤云图（0.2g）**

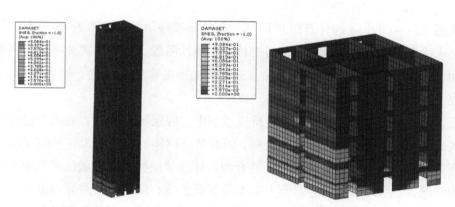

（a）核心筒整体　　　　　　　（b）底部核心筒局部

图 6.56　**EI 波作用下的核心筒最终受拉损伤云图（0.4g）**

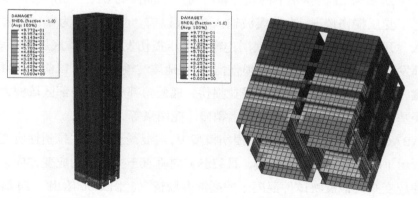

（a）核心筒整体　　　　　　　（b）底部核心筒局部

图 6.57　**EI 波作用下的核心筒最终受拉损伤云图（0.6g）**

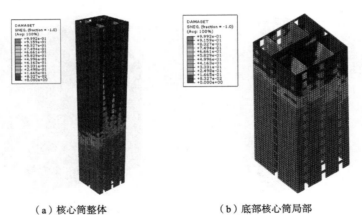

（a）核心筒整体　　　　　　　　（b）底部核心筒局部

**图 6.58　EI 波作用下的核心筒最终受拉损伤云图（0.8g）**

从图 6.51 ~图 6.58 的计算结果可见，在地震波峰值加速度 0.2g 作用下，核心筒混凝土未出现受压和受拉损伤，此时结构处于弹性阶段，随着地震波峰值加速度的不断增加，混凝土损伤的区域不断增加，当峰值加速度达到 0.8g 时，结构底部 10 层区域出现了较为严重的受拉损伤。

根据以上分析结果，在整个地震反应过程中，底层核心筒剪力墙成为混合结构损伤发展比较集中的区域，破坏最为严重，因此整个结构的耗能能力将受制于底层剪力墙。要提高混合结构的抗震性能，需要合理设计改善结构损伤区域过于集中于底层剪力墙的状况，如通过减小钢管混凝土框架与混凝土核心筒的刚度差异和提高混凝土剪力墙尤其是底层剪力墙的延性等措施，从而更好地发挥整个结构的耗能能力，提高结构的抗震性能。

图 6.59 所示为 EI 波作用下的底部核心筒典型部位混凝土损伤时程曲线，从图中可见，对于受压损伤情况：在地震波输入 2.12s 以前，受压损伤为零，随着地震波的不断输入，开始出现受压损伤，底层连梁的受压损伤发展最快，底层中部墙体其次，底层角部发展速度较慢。对于受拉损伤情况：在地震波输入 1.42s 以前，受拉损伤为零，随着地震波的不断输入，开始出现受拉损伤，底层角部和底层中部区域剪力墙受拉损伤的发展基本同步，底层连梁发展速度稍慢（尧国皇等，2014）。

在 ABAQUS 软件的混凝土塑性损伤模型中，当混凝土出现主拉塑性应变（图 6.60 中箭头所示）时即表示混凝土开裂，且裂缝方向垂直于主拉塑性应变方向，因此可用主拉塑性应变来近似反映试件混凝土的裂缝开展情况。图 6.60 给出了 EI 波作用下的核心筒混凝土主拉塑性应变矢量图，可总体反映核心筒在不同峰值加速度的地震波作用下裂缝大小的规律。

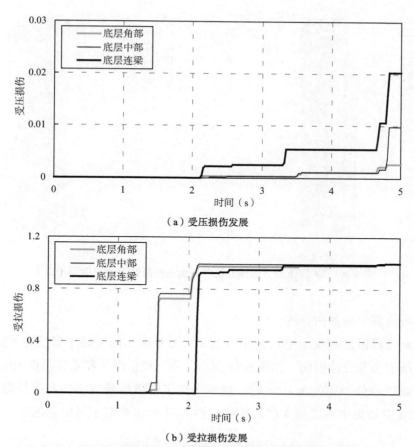

（a）受压损伤发展

（b）受拉损伤发展

图 6.59　EI 波作用下的核心筒典型部位混凝土损伤时程曲线（0.8g）

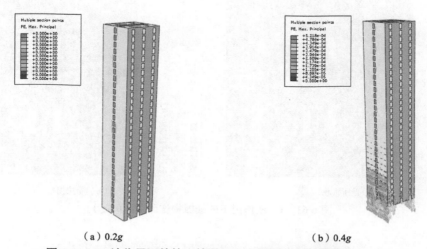

（a）0.2g

（b）0.4g

图 6.60　EI 波作用下的核心筒混凝土主拉塑性应变矢量图（一）

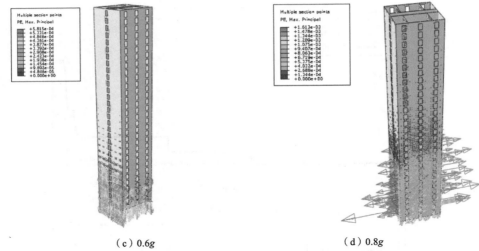

（c）0.6g　　　　　　　　　　　　（d）0.8g

图 6.60　EI 波作用下的核心筒混凝土主拉塑性应变矢量图（二）

### 2. 楼板混凝土的损伤分析

在地震波峰值加速度小于 0.6g 前，有限元分析模型的混凝土楼板处于弹性阶段，未出现受压损伤和受拉损伤，如图 6.61 所示，受压损伤因子和受拉损伤因子均为零。

当地震波峰值加速度为 0.8g 时，楼板出现了轻微的受压损伤和受拉损伤，出现损伤的区域主要集中在底部 3 层的楼板，图 6.62 所示为第 1 层楼板的受压损伤和受拉损伤云图。

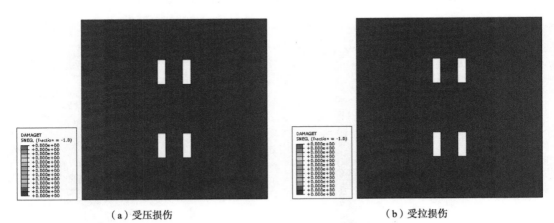

（a）受压损伤　　　　　　　　　　　（b）受拉损伤

图 6.61　EI 波作用下的楼板损伤云图（0.6g）

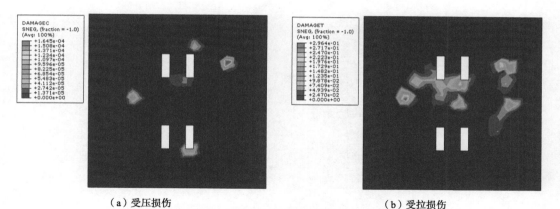

（a）受压损伤　　　　　　　　　　　　（b）受拉损伤

图 6.62　EI 波作用下的楼板损伤云图（0.8g）

由于钢管混凝土框架与 RC 核心筒两者刚度和变形性能的巨大差异，楼板承担了很大的"空间作用"，在地震作用下会产生较大的变形，在进行抗震性能化设计时应该根据弹塑性分析结果进行有针对性的加强，传统的弹性分析方法假定楼板无限刚性或者弹性楼板，无法获得楼板的弹塑性地震反应。

### 6.3.3　框架应力和损伤分析

图 6.63 给出了在不同峰值加速度的 EI 波作用下的钢管混凝土框架中钢管的最大 Mises 应力图，可见对于峰值加速度在 0.4g 时，钢结构最大应力为 303.6MPa，当峰值加速度为 0.6g，钢框架的 Mises 应力继续增加，最大值为 387.4MPa，出现在框架梁上，组合柱的钢管应力在 300 MPa，未进入屈服阶段，当峰值加速度为 0.8g 时，部分框架梁的应力超过 600MPa，已经进入屈服阶段，底部区域的部分钢管应力也进入了屈服阶段，这和试验的破坏现象是吻合的。

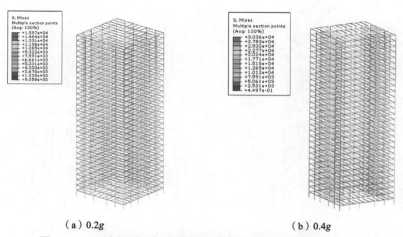

（a）0.2g　　　　　　　　　　　　　（b）0.4g

图 6.63　EI 波作用下框架柱中钢管的最大 Mises 应力图（一）

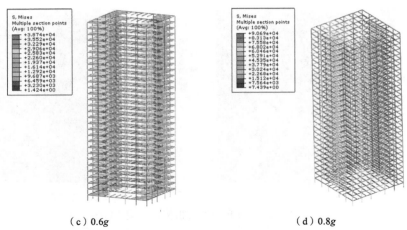

（c）0.6g （d）0.8g

**图 6.63 EI 波作用下框架柱中钢管的最大 Mises 应力图（二）**

以 EI 波输入为例，图 6.64 和图 6.65 所示为在不同加速度峰值地震波作用下，钢管混凝土中混凝土的最终受压损伤和最终受拉损伤云图。从图 6.64 和图 6.65 可见，

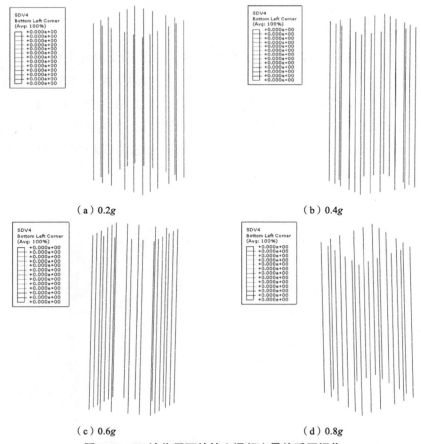

（a）0.2g （b）0.4g

（c）0.6g （d）0.8g

**图 6.64 EI 波作用下的核心混凝土最终受压损伤**

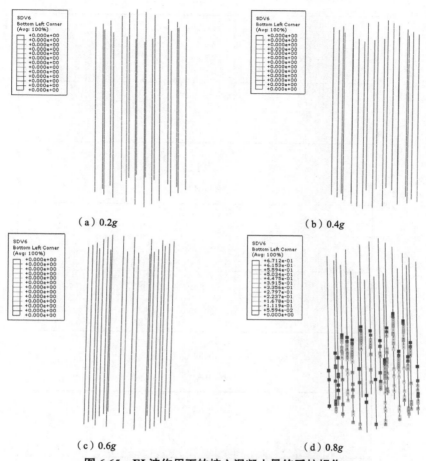

（a）0.2g　　　　　　　　　　　　　　　（b）0.4g

（c）0.6g　　　　　　　　　　　　　　　（d）0.8g

**图 6.65　EI 波作用下的核心混凝土最终受拉损伤**

对于峰值加速度为 0.2g、0.4g、0.6g 的地震波输入，核心混凝土均未出现受压和受拉损伤，核心混凝土处于弹性工作状态，当峰值加速度增加到 0.8g 时，核心混凝土的最终受压损伤仍然没有出现，但中部楼层以下出现了中等程度的受拉损伤，表明当结构在遭受特大地震作用时，框架柱可能会出现受拉状态，设计时应予重点关注。

比较图 6.52 ~ 图 6.54 和图 6.55 ~ 图 6.58、图 6.64 和图 6.65 的计算结果可见，对于钢管混凝土框架 -RC 核心筒混合结构在地震波作用下，核心筒首先出现损伤破坏，然后外部的钢管混凝土框架承担更多的水平荷载，因此提高这类结构体系核心筒底部区域的强度十分重要，设计时可以采用增大底部剪力墙的配筋率或在底部剪力墙角部配置型钢等方案解决。

### 6.3.4　基底剪力时程曲线

图 6.66 所示为在不同峰值加速度的各条波作用下结构基底剪力时程曲线，可见基底最大剪力基本上出现在地震波峰值对应的时刻。

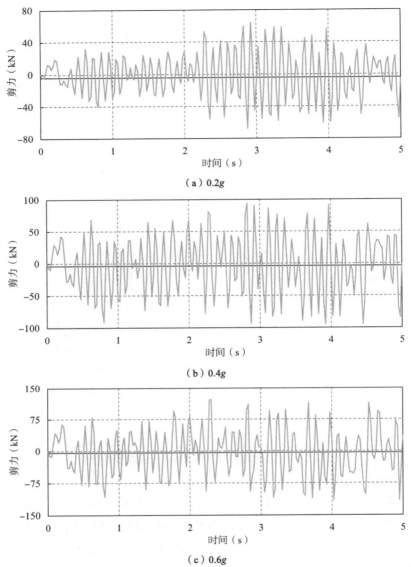

（a）0.2g

（b）0.4g

（c）0.6g

图6.66 结构基底剪力时程曲线（天津波）

图6.67所示为各条波作用下基底加速度与最大剪力比值，从图6.67的计算结果可见，对于Taft波，剪力比值和加速度比值基本重合，表明结构在遭受该地震波的作用后，结构刚度基本无退化；对于EI波和天津波，随着加速度峰值的增加，剪力比值与加速度比值逐渐增大，表明由于结构损伤的出现，整体结构的刚度在不断降低。

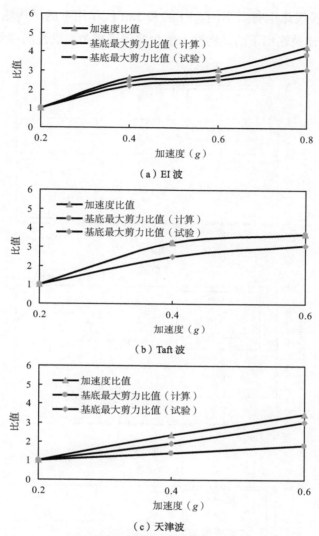

（a）EI 波

（b）Taft 波

（c）天津波

图 6.67　基底加速度与最大剪力比值

## 6.3.5　结构能量分析

　　自从 20 世纪 50 年代相关学者提出用能量分析的观点进行结构抗震设计的思想以来，人们越来越清楚地认识到结构的能量反应在评价地面运动强度和结构破坏程度中的重要作用，因此广泛应用于结构地震反应时程分析。本节结合弹塑性动力时程分析法，从结构体系自身的耗能能力出发，综合考虑多种与能量有关的影响因素，对这类混合结构进行了地震作用下的能量反应分析。

　　图 6.68 所示为在不同峰值加速度的各条波作用下结构输入能量时程曲线，从图 6.68 中各图可以看出，地震动幅值对结构的能量反应有明显的影响，即地震波的最大峰值加速度越大，输入结构的总能量越大。由于各条波的频谱特性不同，结构输入能

量时程曲线的发展规律也有所不同。EI 波和 Taft 波作用下的结构输入能量时程表现为"冲击型"，天津波作用下的结构输入能量时程表现为渐进性的"累积型"。

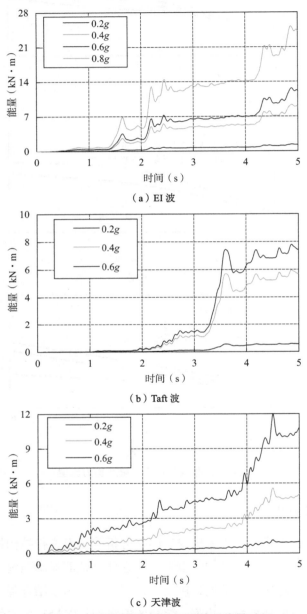

（a）EI 波

（b）Taft 波

（c）天津波

图 6.68　不同峰值加速度下总输入能量时程

## 6.4　本章小结

　　本章利用非线性有限元软件 ABAQUS 建立了典型超高层框架（钢框架、钢筋混

凝土框架、钢管混凝土框架）- 核心筒建筑结构的精细有限元模型，对其进行了罕遇
地震作用下的弹塑性时程分析，获得了核心筒和楼板损伤发展过程、基底剪力时程曲
线、顶点位移时程曲线和楼层位移角包络曲线以及地震作用下结构的能量反应规律，
可较为清晰地揭示结构在罕遇地震作用下整体结构各组成部分的弹塑性工作状态。

　　结合具体工程实践的应用研究表明，本书给出的结构抗震性能的弹塑性分析技术，
对于揭示结构破坏模式与机制、发现结构潜在的抗震薄弱部位，进而为改进结构抗震
设计、提高结构抗震性能与安全、完善结构设计计算发挥了重要的作用。

# 第7章　建筑结构动力弹塑性分析的工程应用

本章基于以上研究成果，具体介绍建筑结构弹塑性分析的工程应用，包括复杂建筑结构构件与节点分析、多层钢筋混凝土框架结构、超高层剪力墙结构、超高层框支剪力墙结构和一栋超高层框架-核心筒结构工程实例，本章还介绍了各工程弹塑性分析模型参数、模型验证以及相关分析结果，以说明本书相关研究成果在实际工程中的应用情况。

## 7.1　构件与节点的工程应用

### 7.1.1　钢管混凝土叠合柱

本工程应用的背景是本书第一作者曾参与设计的深圳卓越·皇岗世纪中心项目，包含四栋塔楼，其中三栋超高层塔楼采用了钢管混凝土叠合柱（宋宝东等，2007；黄用军等，2008；尧国皇，2008；尧国皇，2012b；尧国皇等，2013c；尧国皇等，2013d；郭明和尧国皇，2015；黄用军等，2009）。如前文所述，钢管混凝土叠合柱是由截面中部的钢管混凝土和钢管外的钢筋混凝土叠合而成的，因此叠合柱存在外部钢筋混凝土和内部钢管混凝土极限状态如何确定，以及如何保证它们能同时达到极限状态的技术问题，当时国内有《钢管混凝土叠合柱结构技术规程》CECS 188: 2005，但规程的相关规定没有明确外部混凝土配箍率与内部钢管混凝土含钢率的关系，这也是当时结构设计团队想深入研究的技术问题。为了较为深入地了解钢管混凝土叠合柱工作性能，决定利用有限元法对其工作性能进行分析，采用典型参数算例，分析钢管混凝土叠合柱轴压的破坏模态、截面应力分布以及应力发展情况等工作机理等，以期得到一些可为设计提供参考的结论。典型算例分析的计算参数为：叠合柱截面边长 $B$=600mm，内部钢管壁厚 $t$=9.3mm，钢管的外直径 $D$=400mm，钢管的屈服强度 $f_y$=345MPa，钢管内外的混凝土立方体抗压强度为 60MPa，外部混凝土纵筋为 16 根直径为 20mm 的钢筋，箍筋为直径 10mm、间距为 100mm 的 4 肢箍，试件高度取为截面边长的 3 倍。有限元计算模型的建模、本构关系模型选取等与本书前面相关章节相同，此处不再重复。

1. 轴压破坏模态

图 7.1 给出了采用有限元计算的典型构件的破坏模态，从图中可以看出轴压构件破坏时，外包混凝土在构件中部呈鼓胀的破坏模态；内钢管由于核心混凝土的存在，防止了钢管在局部发生褶曲和内凹屈曲，钢管在试件中部呈向外鼓曲的破坏模态；核心混凝土在试件中部呈鼓胀的破坏模态；试件中的纵向钢筋在试件中部都已压屈，而在试件中部的箍筋受拉屈服，其长度沿外周圈变大（尧国皇等，2013c）。

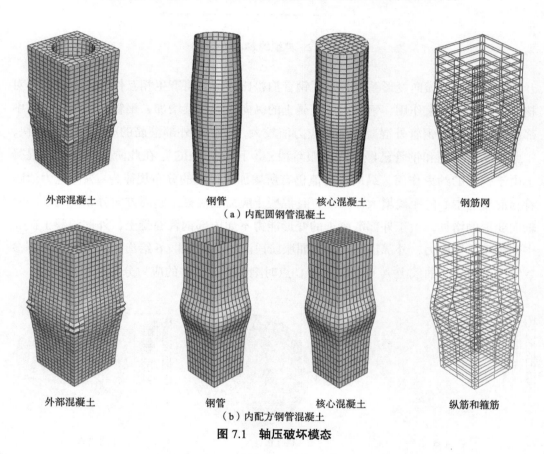

外部混凝土　　　　　　钢管　　　　　　核心混凝土　　　　　　钢筋网
（a）内配圆钢管混凝土

外部混凝土　　　　　　钢管　　　　　　核心混凝土　　　　　纵筋和箍筋
（b）内配方钢管混凝土
**图 7.1　轴压破坏模态**

2. 轴压荷载 - 变形关系全过程分析

钢管混凝土叠合柱典型的轴压荷载（$N$）- 变形（$\varepsilon$）关系曲线如图 7.2 所示，以下分析叠合柱轴压试件在受力全过程中的钢管内外混凝土、钢管、外配钢筋网的应力发展情况。$N$-$\varepsilon$ 关系曲线一般可以分为以下三个阶段：①弹性阶段（OA）：在此阶段，钢管、混凝土和钢筋一般均为单独受力，A 点大致相当于纵向钢筋和钢管进入弹塑性阶段的起点，此时箍筋的应力不大，钢管内混凝土截面的纵向应力大小基本一致，钢管外部混凝土截面的纵向应力大小也基本一致，角部区域的纵向应力值更大些；②弹塑性阶段（AB）：进入此阶段后，钢管内核心混凝土在纵向压力作用下，微裂缝不断

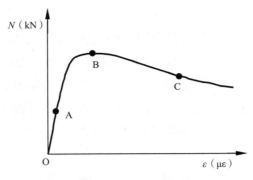

**图 7.2　典型的 $N$-$\varepsilon$ 曲线**

开展，使混凝土横向变形系数超过了钢管泊松比，两者将产生相互作用力，即钢管对核心混凝土的约束作用，钢管内外混凝土的纵向应力继续增加，钢管内混凝土截面中部应力值较大，钢管外混凝土角部应力值较大，此阶段外部箍筋的应力值增加较快，B 点时纵向钢筋和钢管已经进入屈服阶段；③下降段（BC）：在此阶段，钢管内混凝土由于钢管的约束作用，纵向应力值仍有所增加，呈现的分布规律为：纵向应力值随着与混凝土中心的距离增大而减小，且混凝土应力在混凝土圆周方向分布均匀，随着轴向变形的增加，由于外部混凝土的变形能力不如内部钢管混凝土，外部混凝土截面中部出现了拉应力，外部箍筋也进入屈服阶段。图 7.3 ~图 7.6 给出了典型算例计算参数情况下对应于曲线上 A 点、B 点和 C 点时刻各组成部件的应力分布情况。

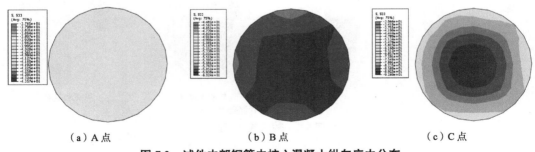

（a）A 点　　　　　　（b）B 点　　　　　　（c）C 点

**图 7.3　试件中部钢管内核心混凝土纵向应力分布**

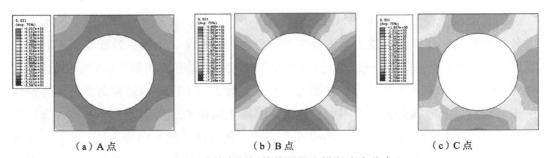

（a）A 点　　　　　　（b）B 点　　　　　　（c）C 点

**图 7.4　试件中部钢管外混凝土纵向应力分布**

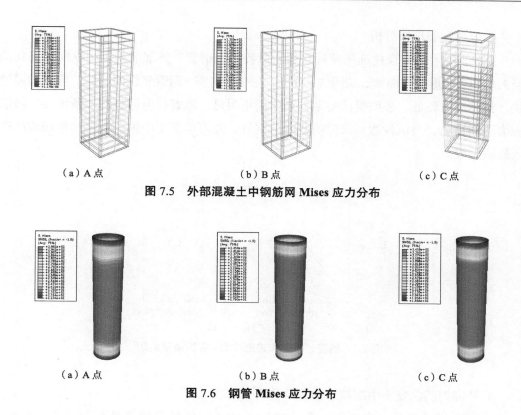

（a）A 点 　　　　　（b）B 点 　　　　　（c）C 点

**图 7.5　外部混凝土中钢筋网 Mises 应力分布**

（a）A 点 　　　　　（b）B 点 　　　　　（c）C 点

**图 7.6　钢管 Mises 应力分布**

### 3. 轴向荷载分配关系

图 7.7 给出了以上典型算例计算获得的钢管混凝土叠合柱轴压试件 $N$-$\varepsilon$ 关系曲线及钢管外部钢筋混凝土和内部钢管混凝土各自的 $N$-$\varepsilon$ 关系曲线，计算时试件两端均设有加载端板。从图 7.7 可见，外部钢筋混凝土达到极限承载力时，钢管混凝土叠合柱也达到了轴压极限承载力，对于本算例的计算参数，外部钢筋混凝土对叠合柱轴压强度的"贡献"比内部钢管混凝土要大。外部钢筋混凝土与内部钢管混凝土的轴向荷载的分配比例与构成钢管混凝土叠合柱的几何参数和材料参数密切相关。

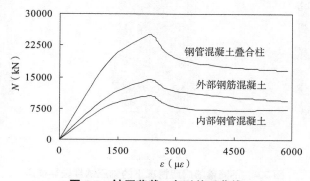

**图 7.7　轴压荷载 - 变形关系曲线**

4. 应力发展规律分析

图 7.8 所示为叠合柱轴压试件在受力过程中，钢管、外部混凝土中纵向钢筋和箍筋的应力 - 变形关系曲线，从图 7.8 可见，在受荷初期，钢管和纵向钢筋的应力发展较快，箍筋应力较低，表明受荷初期箍筋作用不明显，随着轴向荷载的不断增加，箍筋应力不断增加，当试件达到极限荷载时，钢管、外部混凝土中纵向钢筋和箍筋均已进入屈服阶段。

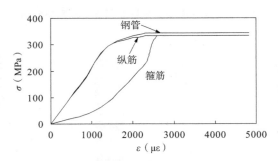

图 7.8 钢管、纵筋和箍筋应力 - 变形关系曲线

5. 外部钢筋混凝土中配箍率的影响分析

以往的相关试验研究表明，叠合柱轴压试件的破坏开始于外部混凝土的压碎，而外部钢筋混凝土中配箍率是决定外部钢筋混凝土极限变形的关键因素，此处采用 ABAQUS 软件对配箍率的影响进行分析，算例仍采用该典型算例的计算基本参数，仅箍筋间距取 50mm、60mm、75mm、100mm、150mm、200mm 和 250mm。图 7.9 所示为箍筋间距取 50mm、150mm 和 250mm 的轴压试件破坏模态的比较，图中对应的试件平均纵向应变和变形放大倍数均相同，可见随着箍筋间距的增加，试件轴压破坏时的局部变形就越大，总体破坏模态基本相同。

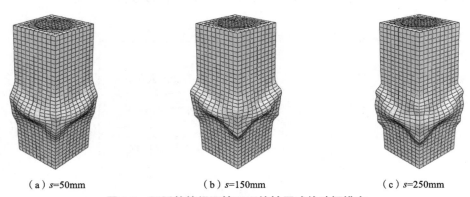

（a）s=50mm          （b）s=150mm          （c）s=250mm

图 7.9 不同箍筋间距情况下的轴压试件破坏模态

图 7.10 给出了其他参数相同时不同配箍间距叠合柱轴压 $N$-$\varepsilon$ 关系曲线，图中数字表示箍筋间距，可见箍筋间距的变化对 $N$-$\varepsilon$ 关系曲线弹性阶段影响很小，随着箍筋间距的减小，叠合柱的轴压极限承载力逐渐增加，且极限承载力对应的轴向应变值也逐渐增加。在图 7.10 的计算参数情况下，箍筋间距从 250mm 减小至 50mm，极限承载力及其对应的应变值均增加 8% 左右。以箍筋间距为 50mm 的试件承载力为参考，图 7.11 给出了各试件相对极限承载力系数 $\beta$ 随箍筋间距的变化曲线，更能清楚地反映随着箍筋间距的增大，轴压强度基本呈线性减小的趋势（尧国皇等，2013c）。

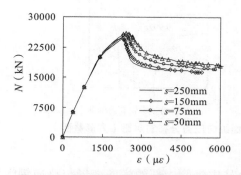

图 7.10　不同箍筋间距情况下的 $N$-$\varepsilon$ 关系曲线

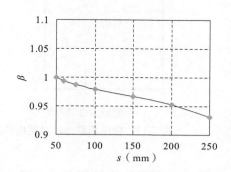

图 7.11　$\beta$-$s$ 关系曲线

6. 叠合柱内部钢管混凝土与普通钢管混凝土轴压性能对比分析

以下通过叠合柱内部钢管混凝土与普通钢管混凝土轴压时的相关计算结果的对比，进一步说明钢管混凝土叠合柱轴压工作特性。图 7.12 所示为叠合柱中钢管内的核心混凝土与普通圆钢管混凝土（计算参数与叠合柱内钢管混凝土参数相同）中的核心混凝土在极限承载力时纵向应力分布的比较，可见在极限承载力时刻，对于普通钢管混凝土，混凝土截面的应力较为均匀，而叠合柱中钢管内混凝土的应力呈现"中心大边缘小"的分布特点。由于叠合柱中核心混凝土受到钢管和外部钢筋混凝土的双重约束，叠合柱中钢管内核心混凝土的纵向应力值比普通钢管混凝土中混凝土的应力值要高 20%（在截面的靠近钢管边缘位置）～ 35%（在截面的中心位置）。

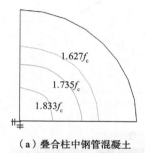

（a）叠合柱中钢管混凝土

（b）普通圆钢管混凝土

图 7.12　极限承载力时钢管内混凝土中混凝土截面纵向应力分布的对比（圆形截面）

作者也尝试进行了内配方钢管的叠合柱轴压性能的研究，图 7.13 所示为内配方钢管的叠合柱中钢管内的核心混凝土与普通方钢管混凝土（计算参数与叠合柱内钢管混凝土参数相同）中核心混凝土在极限承载力时纵向应力分布的比较，可见叠合柱中钢管内核心混凝土的纵向应力值比普通方钢管混凝土中混凝土的应力值要高 10%（在截面的中心位置）～30%（在截面的靠近钢管边缘位置），可见所得结论与圆形截面类似。

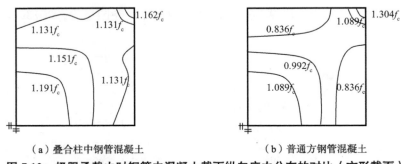

（a）叠合柱中钢管混凝土　　　　（b）普通方钢管混凝土

图 7.13　极限承载力时钢管内混凝土截面纵向应力分布的对比（方形截面）

图 7.14 所示为在轴压受力过程中，叠合柱中钢管中部的横向变形与普通钢管混凝土（计算参数与叠合柱内钢管混凝土参数相同）中钢管的横向变形与轴向应变关系曲线的比较，可见由于叠合柱内钢管混凝土受到外部钢筋混凝土的约束，在极限承载力时刻，其内部钢管的横向变形要比普通钢管混凝土小。通过图 7.14（a）和图 7.14（b）的比较表明，叠合柱内的钢管内核心混凝土由于受到钢管和外部钢筋混凝土的双重约束，其工作机理与普通钢管混凝土内核心混凝土有所不同，有必要提出更为合适的本构关系模型；叠合柱内的钢管受到外部钢筋混凝土的约束，在轴压受力过程中，其横向变形发展较普通钢管混凝土慢，因此叠合柱中钢管的径厚比（宽厚比）限值与普通钢管混凝土应有所不同。

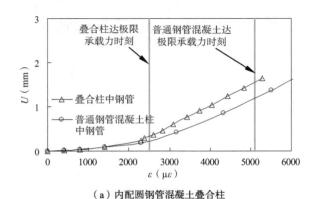

（a）内配圆钢管混凝土叠合柱

图 7.14　钢管中部横向变形 - 轴向应变关系曲线的对比（一）

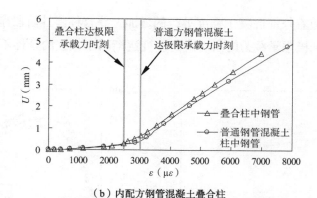

（b）内配方钢管混凝土叠合柱

**图 7.14　钢管中部横向变形 - 轴向应变关系曲线的对比（二）**

　　通过以上对钢管混凝土叠合柱轴压工作性能进行的研究，可得到结论：①外部钢筋混凝土中配箍率是影响这类叠合柱轴压工作性能的重要参数（尧国皇，廖飞宇，2019）；②叠合柱内的钢管内核心混凝土由于受到钢管和外部钢筋混凝土的双重约束，其工作机理与普通钢管混凝土内核心混凝土有所不同。

　　在以上结论基础上，为了得到一些对结构设计更为有用的结论，对组成钢管混凝土叠合柱的各参数对叠合柱轴压性能的影响规律进行了分析，由于纤维模型具有很好的计算效率，参数分析时采用纤维模型法进行计算。为了便于读者参考，以下给出了内配圆钢管和内配方钢管的参数分析结果。影响钢管混凝土叠合柱轴压性能荷载 - 变形关系曲线的可能的影响因素有钢管内混凝土强度、钢管外混凝土强度、内部钢管混凝土的含钢率、外部钢筋混凝土中的配箍特征值、外部钢筋混凝土中的纵向钢筋配筋率（尧国皇等，2013c）。

　　下面通过对典型算例的计算结果进行分析，探讨以上各因素对钢管混凝土叠合柱轴压荷载 - 变形关系曲线的影响规律。典型算例的基本计算条件为：叠合柱截面边长 $B$=600mm，内部钢管的壁厚 $t$=9.3mm，钢管的外直径（边长）$D$=400mm，钢管的屈服强度 $f_y$= 345MPa，钢管内外的混凝土强度立方体抗压强度分别为 60MPa 和 40MPa，外部混凝土纵筋配筋率为 1%（纵向钢筋为二级钢），箍筋配箍特征值为 0.15，试件高度取为截面外边长的 3 倍。

　　需要指出的是：参数分析计算获得的轴压荷载 - 变形关系曲线应变终值可能超过了钢管外部混凝土的极限压应变，但此处计算没有终止，以便总体分析各参数对钢管混凝土叠合柱轴压全过程曲线的影响规律（尧国皇等，2013c）。

　　（1）管外混凝土强度等级

　　图 7.15 给出不同管外混凝土强度等级情况下钢管混凝土叠合柱的轴压荷载 - 变形

关系曲线，可见随着外部混凝土强度等级的增加，叠合柱弹性阶段刚度和轴压强度也不断增加，但达到极限承载力时所对应的应变逐渐减小，柱的延性不断降低。

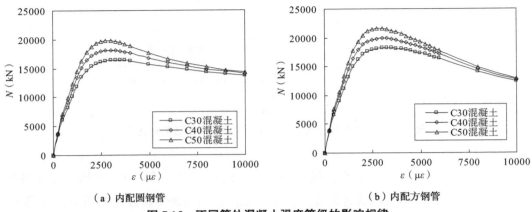

（a）内配圆钢管　　　　　　　　　　　（b）内配方钢管

**图 7.15　不同管外混凝土强度等级的影响规律**

（2）管内混凝土强度等级

图 7.16 给出不同管内混凝土强度等级情况下钢管混凝土叠合柱的轴压荷载 - 变形关系曲线，可见随着管内混凝土强度的增加，叠合柱轴压强度不断增加，柱的延性变化不大，弹性阶段叠合柱刚度变化也不大。

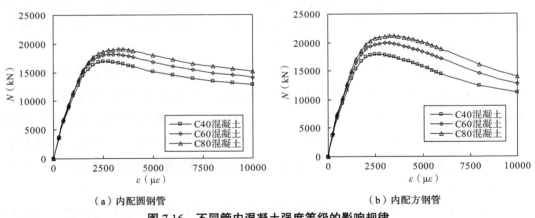

（a）内配圆钢管　　　　　　　　　　　（b）内配方钢管

**图 7.16　不同管内混凝土强度等级的影响规律**

（3）内部钢管混凝土的含钢率

图 7.17 给出不同内部钢管混凝土含钢率情况下钢管混凝土叠合柱的轴压荷载 - 变形关系曲线，可见随着内部钢管混凝土含钢率的增加，叠合柱弹性阶段刚度和轴压强度不断增加，柱延性也逐渐增加。

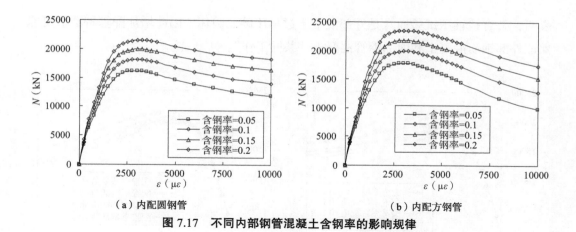

（a）内配圆钢管　　　　　　　　　　　（b）内配方钢管

图 7.17　不同内部钢管混凝土含钢率的影响规律

（4）外部钢筋混凝土中纵筋配筋率

图 7.18 给出不同外部钢筋混凝土中纵筋配筋率情况下钢管混凝土叠合柱的轴压荷载 - 变形关系曲线，由图可见随着纵筋配筋率的增加，叠合柱轴压强度和弹性阶段轴压刚度有一定提高，但提高幅度不明显。因此，适当增加外部纵向钢筋的数量，对叠合柱整个截面的承载力和延性有一定的益处，对于本算例参数，纵筋配筋率的变化对叠合柱轴压荷载 - 变形关系曲线的影响不明显。

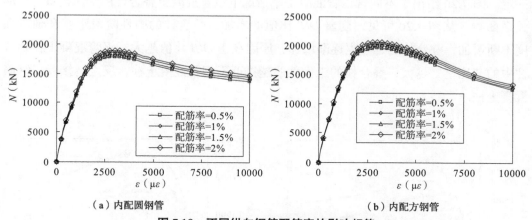

（a）内配圆钢管　　　　　　　　　　　（b）内配方钢管

图 7.18　不同纵向钢筋配筋率的影响规律

（5）外部钢筋混凝土中箍筋配箍特征值

图 7.19 给出不同外部钢筋混凝土中箍筋配箍特征值情况下钢管混凝土叠合柱的轴压荷载 - 变形关系曲线，可见随着外部钢筋混凝土中箍筋配箍特征值的增加，叠合柱轴压强度不断增加，柱延性也逐渐增加，弹性阶段刚度变化不大。增加外部箍筋配箍特征值可以增加外部混凝土达到极限承载力时的应变值，以往的相关试验研究成果

表明，叠合柱轴压试验通常是外部混凝土过早压碎而破坏，因此增加配箍特征值更能保证外部钢筋混凝土和内部钢管混凝土"共同工作"。

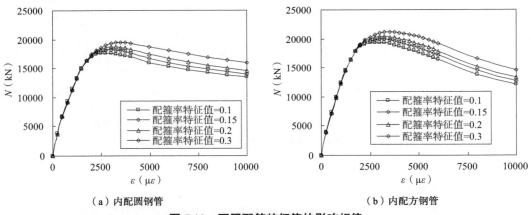

（a）内配圆钢管　　　　　　　　（b）内配方钢管

**图 7.19　不同配箍特征值的影响规律**

（6）叠合柱中含钢管混凝土率

本书以内部钢管混凝土的外直径与叠合柱截面边长的比值（$D/B$）来反映叠合柱中含钢管混凝土率的变化，计算参数设置时保持内部钢管混凝土的"约束效应系数"一定。图 7.20 给出了不同含钢管混凝土率情况下钢管混凝土叠合柱的轴压荷载-变形关系曲线。从图 7.20 可见，随着 $D/B$ 比值的增加，叠合柱的弹性阶段刚度和轴压强度不断增加，叠合柱的延性也逐渐增加，原因在于 $D/B$ 比值越大，钢管混凝土在叠合柱中的"比重"越大，叠合柱的工作性能越接近于钢管混凝土柱，反之越接近于钢筋混凝土柱。

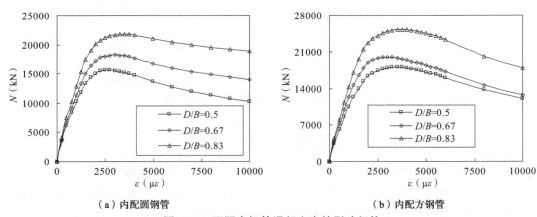

（a）内配圆钢管　　　　　　　　（b）内配方钢管

**图 7.20　不同含钢管混凝土率的影响规律**

以上基于构件工作性能弹塑性分析和参数分析，得到了一些对钢管混凝土叠合柱设计有益的结论，详见 2013 年《建筑结构学报》刊发的《钢管混凝土叠合柱轴压性能研究》一文（尧国皇等，2013c）。

### 7.1.2　新型钢管混凝土柱 - 钢筋混凝土梁节点

某超高层框架 - 核心筒建筑结构总高 215m（大屋面高度为 205m），共 48 层，第 1 层层高为 6.0m，第 2～5 层为 5.2m，设备层层高为 4.5m，标准层层高为 4.1m。建筑第 1～5 层带局部裙房，建筑边长为 44.6m。建筑第 1～2 层主要为大堂空间，第 3～5 层为商业用途，第 17 层、第 33 层为设备层，其他楼层为办公用途（尧国皇等，2010a；尧国皇等，2010b；尧国皇等，2011a；尧国皇等，2011b；潘东辉等，2010；尧国皇，孙占琦等，2009；尧国皇，于清等，2014）。

该项目采用了一种新型的钢管混凝土柱 - 钢筋混凝土梁节点，即在钢筋混凝土梁与钢管混凝土柱连接区的钢管柱上开矩形孔以便钢筋穿过，然后在开孔的节点部位对钢管进行加强。这种新型的钢管混凝土节点具有施工方便、构造简单、传力明确的优点。

图 7.21 给出了该塔楼结构采用典型的框架 - 核心筒体系中的外框架梁柱节点的示意图，可见在节点区域对外钢管开了矩形孔，同时在剩下的钢管环带上焊有锚栓，对节点部位钢管进行了加强。钢管加强原则为：保证钢管混凝土节点区域和节点外区域的钢管对核心混凝土的"约束效应系数"相同。在此原则下，节点区域核心混凝土的承载能力与节点外区域核心混凝土相同，避免了节点区域核心混凝土局部受压破坏。

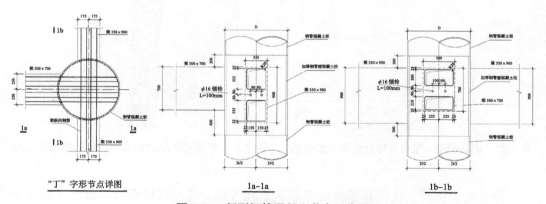

图 7.21　新型钢管混凝土节点示意图

为了便于分析和计算，定义节点区域钢管开孔率 $\rho$（$\leq 0.5$）为：

$$\rho = \frac{s'}{s} \tag{7.1}$$

式中，$s'$ 和 $s$ 分别为节点区域开孔的总弧长和未开孔时钢管的外周长。

由节点区域和节点外区域钢管混凝土的截面约束效应系数 $\xi=f_yA_s/(f_{ck}A_c)$（$f_y$ 为钢管钢材屈服强度，$f_{ck}$ 为混凝土立方体抗压强度标准值，$A_s$ 为钢管截面面积，$A_c$ 为混凝土截面面积）相同，有以下关系式成立：

$$\frac{t(D-t)}{(D-2t)^2(1-\rho)}=\frac{t'(D-t')}{(D-2t')^2} \qquad (7.2)$$

式中，$t'$ 和 $t$ 分别为节点区域和未开孔处钢管的壁厚，$D$ 为钢管截面外直径。根据式（7.2）可方便求出节点开孔区域的钢管壁厚。为了避免在节点区域进行钢管焊接，钢管加厚区域应离开节点区域（尧国皇等，2010b）。

在有限元分析计算中，包括节点在竖向荷载作用和往复荷载作用下的工作性能研究，将在下面分别论述。算例的计算参数为：钢管外直径 $D=1100\text{mm}$，$t=16\text{mm}$，Q345 钢材，柱混凝土强度等级为 C60，梁混凝土强度等级为 C30，钢筋混凝土梁截面尺寸为 $400\text{mm}\times900\text{mm}$ 和 $500\text{mm}\times700\text{mm}$。

1. 竖向荷载作用

（1）荷载 - 位移变形关系曲线

图 7.22 和图 7.23 给出了本书新型钢管混凝土节点计算获得的竖向荷载 - 竖向位移全过程关系曲线、节点在竖向荷载峰值点时刻对应的钢管和钢筋应力云图，可见新型节点在竖向荷载作用下的延性较好。

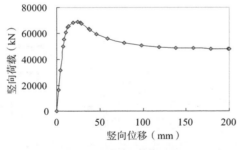
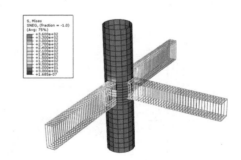

图 7.22　竖向荷载 - 竖向位移全过程关系曲线　　图 7.23　峰值点时刻对应的钢管和钢筋应力云图

为了便于比较，也计算了传统开穿钢筋孔节点（节点区域钢管不加强）的竖向荷载 - 变形关系曲线。图 7.24 给出了其他参数相同的情况下，这两种节点方案计算获得的荷载 - 竖向位移全过程关系曲线和极限承载力的比较，可见两种节点的弹性阶段刚度差异很小，新型节点的轴压极限承载力稍高于开穿钢筋孔的节点。

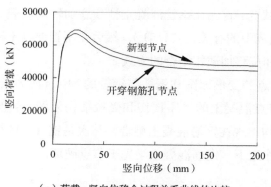

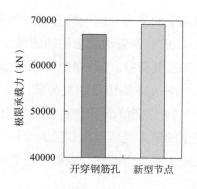

（a）荷载 - 竖向位移全过程关系曲线的比较　　　　（b）极限承载力的比较

**图 7.24　节点受力性能的比较**

### （2）"强节点弱构件"校核

由于钢管内的混凝土强度较高且截面也比框架梁截面要大，因此，新型钢管混凝土节点很容易满足"强柱弱梁"的设计原则。此处，采用有限元分析方法分析该新型节点是否能满足"强节点弱构件"的设计原则。计算分析采用两个分析步骤，第一是在混凝土梁上施加均布荷载，第二是在钢管混凝土柱顶施加竖向位移直到节点破坏。

图 7.25（a）给出了计算获得的节点变形图，可见节点区域变形小，变形主要集中在钢管混凝土柱上，这也说明了节点比钢管混凝土柱要强，能够实现"强节点弱构件"的设计原则。图 7.25（b）给出了极限承载力时节点混凝土最大塑性应变云图，可见节点最大塑性应变主要集中在钢管混凝土柱上，同样也反映了"强节点弱构件"（尧国皇等，2010b）。

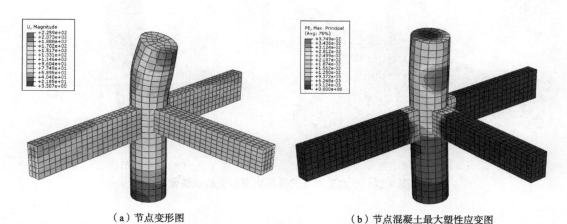

（a）节点变形图　　　　　　　　　　（b）节点混凝土最大塑性应变图

**图 7.25　"强节点弱构件"校核**

### 2. 往复荷载作用

以下采用 ABAQUS 软件对该新型钢管混凝土柱 - 钢筋混凝土梁节点在往复荷载

作用下的受力性能进行分析，加载模式为：首先在钢管混凝土柱顶施加轴向荷载（轴压比 0.7，钢管混凝土柱轴压强度按规范中的有关公式计算），然后在钢管混凝土柱顶施加往复荷载。计算时，采用力加载和位移加载相结合的方式。

图 7.26 给出了往复荷载作用下节点的变形云图和钢筋与钢管的 Mises 应力云图。图 7.27 分别给出了往复荷载作用下节点混凝土的受压损伤和受拉损伤云图，可见混凝土的最大受压损伤和最大受拉损伤均出现在钢筋混凝土梁端，其次是钢管内的核心混凝土的节点区域，表明在往复荷载作用下，钢筋混凝土梁先于节点破坏。

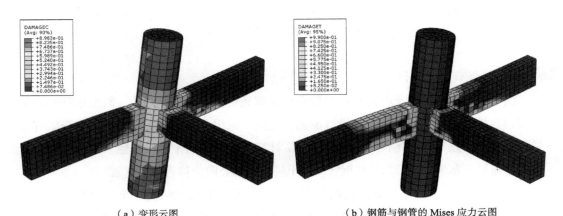

（a）变形云图　　　　　　　　　　　（b）钢筋与钢管的 Mises 应力云图

**图 7.26　往复荷载作用下的变形云图和钢筋与钢管的 Mises 应力云图**

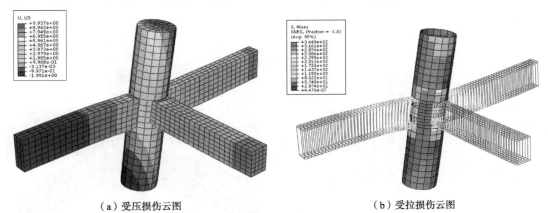

（a）受压损伤云图　　　　　　　　　　　（b）受拉损伤云图

**图 7.27　节点混凝土的受压损伤和受拉损伤云图**

图 7.28 为在本书的计算参数情况下，该新型节点计算获得的荷载 - 位移关系滞回曲线，可见节点滞回曲线饱满，节点具有良好的抗震性能。结合节点弹塑性分析结论，再进行典型的节点试验，便可以为工程项目提供很好的技术支持，加快施工进度，取得良好的经济技术效果。目前该项目已经竣工。

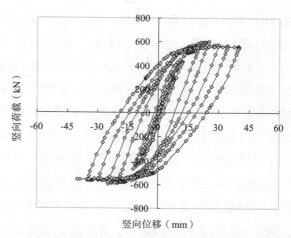

**图 7.28　新型钢管混凝土节点荷载 - 位移关系滞回曲线**

### 7.1.3　复杂钢 - 混凝土组合柱脚节点

　　某大跨度空间结构上部屋盖为钢结构，下部为混凝土框架 - 剪力墙结构。为了将上部钢结构荷载安全传递到混凝土结构中（混凝土柱及剪力墙），设计中采用了球铰节点支座，所有的支座都将在竖直方向以及水平方向进行平动约束。柱脚的三维模型如图 7.29 所示。由于柱脚节点荷载较大且是受力复杂的关键部位，其设计直接关系到整个结构的安全（尧国皇，谭伟等，2010）。

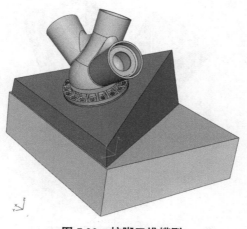

**图 7.29　柱脚三维模型**

　　该柱脚钢结构节点采用铸钢节点，由上部铸钢节点和下部混凝土承台组成，铸钢节点通过 18 个预应力锚栓固定于混凝土承台之上，在混凝土承台中配置了三向钢筋网和型钢，提高柱脚抗拔和抗剪承载力，并增强上部铸钢节点与下部混凝土承台的整体工作性能。然而，目前还没有对这种铸钢节点和下部复杂构造的混凝土承台的力学性能分析和承载力校核的明确依据，为了确保结构的安全可靠，采用通用有限元软件ABAQUS 对该柱脚进行有限元分析。为了方便起见，将柱脚分为上部铸钢节点和下部混凝土承台两部分进行有限元分析，以下分别论述分析过程和结果。

有限元建模过程详见本书第 3 章，此处不再详述。铸钢节点采用 C3D4 单元，上部管节点和球形凸帽的接触面之间采用库仑摩擦模型来模拟铸钢之间界面切向力的传递：界面可以传递剪应力，直到剪应力达到临界值 $\tau_{crit}$，界面之间产生相对滑动。此处计算中采用一个允许"弹性滑动"的罚摩擦公式，在滑动过程中界面剪应力保持为 $\tau_{crit}$ 不变，钢管与核心混凝土界面摩擦系数取为 0.1，接触面法线方向采用"硬接触"。上部管节点和球形凸帽的接触面界面模型建立时，采用软件中 Contact Pair 命令，并利用元素集合，定义钢管和混凝土各自接触面，并设置其有交互作用，来模拟接触面分离及摩擦行为，并且定义为 Small Sliding 现象（尧国皇，谭伟等，2010）。定义接触面后，需确定接触面之间的主从关系，确定原则为：①材料相对较软的材料定义为从面；②当两个接触面的材性相同时，从面的网格应该划分得更精细，以避免主面单元节点的入侵。由于材性相同，因此将网格划分更细的上部管节点内凹面为从属表面，凸帽上表面为主控表面。在有限元分析过程中，在铸钢节点底部施加固定边界条件，在上部钢管上施加荷载，图 7.30 给出了上部铸钢节点有限元分析模型。计算时，采用位移加载方式，并采用增量迭代法求解非线性方程。

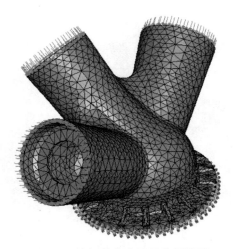

图 7.30　铸钢节点有限元分析模型

考虑到柱脚的实际受力特点，一种是竖向荷载和水平荷载均比较大，另一种是竖向较小、水平力较大，且以上情况均出现在 1.2D（恒载）+1.4L（活载）+0.72T（温度）的荷载组合时。因此，共进行了两种工况的分析计算，仅以两种工况下最不利受力情况的分析结果论述。表 7.1 给出了两种工况下最不利内力的数值。

<table>
<tr><td colspan="5" align="center">柱脚最不利内力设计值　　　　　　　　　　　　表 7.1</td></tr>
<tr><th>工况</th><th>杆件号</th><th>P（kN）</th><th>$V_2$（kN）</th><th>$V_3$（kN）</th></tr>
<tr><td rowspan="3">工况一</td><td>250</td><td>-371.8</td><td>-57.8</td><td>21.8</td></tr>
<tr><td>257</td><td>-12534.4</td><td>-60</td><td>147.4</td></tr>
<tr><td>259</td><td>-1467.5</td><td>-79.6</td><td>-127</td></tr>
<tr><td rowspan="3">工况二</td><td>755</td><td>7522.2</td><td>-195.01</td><td>20.7</td></tr>
<tr><td>762</td><td>-11926.9</td><td>-1.8</td><td>210.2</td></tr>
<tr><td>764</td><td>-607</td><td>-32.8</td><td>-161.93</td></tr>
</table>

图 7.31 给出了铸钢节点变形情况的计算结果，可见两种情况的变形规律基本相同，最大变形均出现在加载端，节点底部的变形都在 0.8mm 以内。图 7.32 给出了上部管节点和球冠的 Mises 屈服应力云图的计算结果。从图 7.32 可见，对于工况一，上部管节点最大应力出现在受力最大的支管上，最大应力为 100.1MPa，下部球冠最大应力出现在短的圆柱上，最大应力为 141.4MPa；对于工况二，上部管节点最大应力出现在受力最大的支管上，最大应力为 95.4MPa，下部球冠最大应力也出现在短的圆柱上，最大数值为 80.7MPa。整个铸钢节点的 Mises 应力均低于铸钢材料的屈服强度值（尧国皇，谭伟等，2010）。

图 7.33 给出了以上两种工况下上部管节点和球形凸帽的接触面之间的接触压力云图。可见，对于工况一，最大的接触压力为 86.05MPa；对于工况二，最大的接触压力为 39.49MPa，均小于铸钢的屈服强度。从分析结果可知，铸钢节点的应力小于材料的屈服强度，部件之间的接触压力也小于材料的屈服强度，因此，上部铸钢节点的设计是安全的。

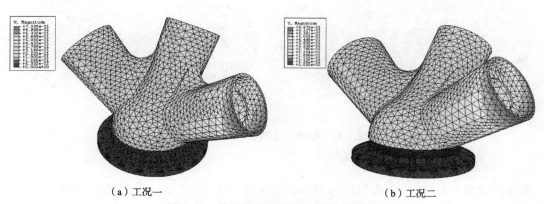

（a）工况一　　　　　　　　　　　　　　（b）工况二

图 7.31　铸钢节点变形情况的计算结果

下部混凝土承台中钢筋的材料弹性模量为 206000MPa，泊松比为 0.3；混凝土采用 C30，其材料弹性模量按《混凝土结构设计规范》GB 50010-2010 取值，弹性阶段

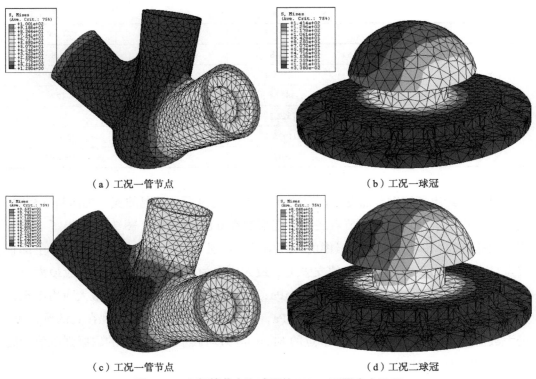

（a）工况一管节点 　　　　　　　　　（b）工况一球冠

（c）工况一管节点 　　　　　　　　　（d）工况二球冠

**图 7.32　上部管节点和球冠的 Mises 屈服应力云图**

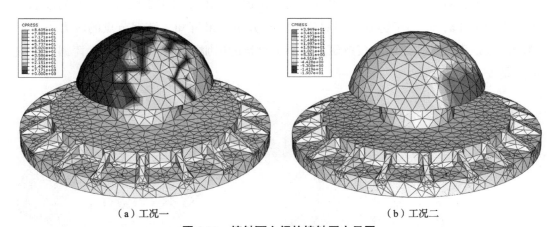

（a）工况一 　　　　　　　　　　　　（b）工况二

**图 7.33　接触面之间的接触压力云图**

泊松比取为 0.2。承台内配置的型钢和钢筋采用 ABAQUS 软件中的 Embedded Region 命令将其嵌入混凝土承台中，不考虑型钢与混凝土之间的滑移。型钢采用 C3D8R 单元，钢筋采用 Truss 单元，混凝土承台采用 C3D4 单元。在有限元分析过程中，在承台底部施加固定边界条件，在上部施加荷载，图 7.34 给出了混凝土承台有限元分析模型。

（a）整体模型　　　　　（b）内埋型钢　　　　　（c）内配钢筋

**图 7.34　混凝土承台三维模型**

　　与分析上部铸钢节点一样，分析了两种不同受力工况下的受力性能，将表 7.1 中的上部铸钢各支管的荷载转换到下部混凝土承台上，通过承台上一刚性加载块施加外荷载。图 7.35 给出了下部混凝土承台变形情况的计算结果，可见两种情况下的变形规律基本相同，最大变形均出现在上部铸钢节点与下部混凝土相接部位，最大变形都在 1mm 左右。

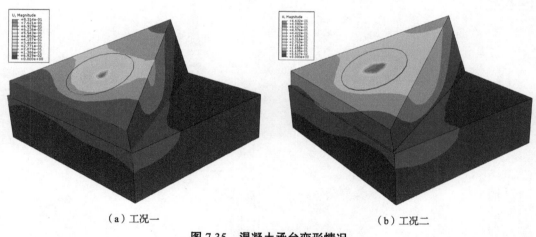

（a）工况一　　　　　　　　　　　　　（b）工况二

**图 7.35　混凝土承台变形情况**

　　图 7.36 给出了混凝土承台内配钢筋的应力云图，可见两种情况下钢筋的应力分布规律基本相同。对于工况一：内部箍筋最大 Mises 应力为 9.23MPa，外部箍筋最大 Mises 应力为 6.7MPa，竖向钢筋最大 Mises 应力为 16.7MPa；对于工况二：内部箍筋最大 Mises 应力为 9.22MPa，外部箍筋最大 Mises 应力为 8.32MPa，竖向钢筋最大 Mises 应力为 17.5MPa。以上应力均远小于钢筋的屈服强度。

　　图 7.37 给出了两种情况下，混凝土承台内置型钢的 Mises 应力云图，可见中部型钢的应力较大，且工况二对应的型钢中高应力区域范围更大些。从图 7.37 应力云图的数值来看，高应力也基本在钢材屈服强度 345MPa 以下。

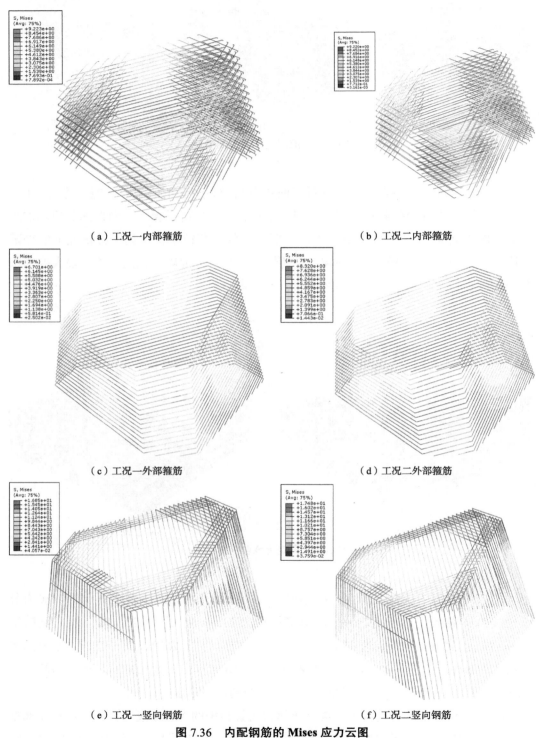

（a）工况一内部箍筋 　　　　　　　　　（b）工况二内部箍筋

（c）工况一外部箍筋 　　　　　　　　　（d）工况二外部箍筋

（e）工况一竖向钢筋 　　　　　　　　　（f）工况二竖向钢筋

图 7.36　内配钢筋的 Mises 应力云图

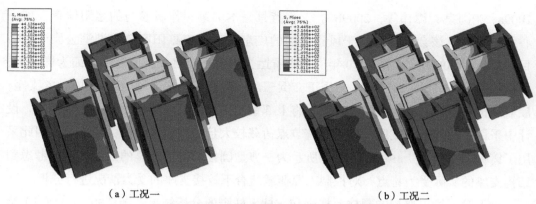

（a）工况一　　　　　　　　　　　　　（b）工况二

图 7.37　内置型钢的 Mises 应力云图

同时也关注了混凝土的应力情况，两种工况下混凝土的应力分布规律和数值基本相同。图 7.38 给出了工况一情况下混凝土承台应力的切片云图，混凝土应力扩散到一定区域后，便不再扩散。

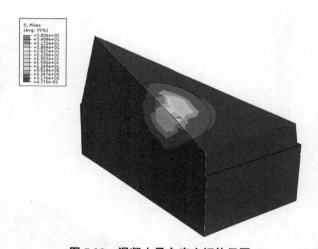

图 7.38　混凝土承台应力切片云图

从本节的分析结果可见，整个混凝土承台内配钢筋、内置型钢和混凝土的应力均小于材料的强度，因此，下部混凝土承台的设计是安全的。采用通用有限元软件 ABAQUS 对某复杂钢结构柱脚的受力性能进行有限元分析，着重分析了上部铸钢节点各部件之间的接触关系和下部混凝土承台应力状态，获得了铸钢节点的应力状态和各部件之间的接触压力以及下部混凝土承台内配钢筋、内置型钢和混凝土的应力状态，分析结果表明柱脚设计是安全可靠的。

关于复杂建筑结构柱脚节点，以下再举一个工程应用实例（尧国皇，谭伟等，

2009a；尧国皇，谭伟等，2009b）。工程背景是本书第一作者参与的惠阳体育会展中心结构设计。该会展中心位于风景秀丽的广东省惠州市惠阳区泗水湖滨公园内，项目用地超过 50060m²，是 2010 年广东省省运会主要场馆之一。屋盖的平面为椭圆形，平面尺寸为 95.1m × 131.1m，采用正交倒三角形管桁架结构。屋盖结构共有 36 支座，屋盖结构坐落在混凝土结构上。为了将上部钢结构荷载安全传递到混凝土结构中，设计中采用了球铰节点支座。由于支座节点荷载较大且是受力复杂的关键部位，因此采用了铸钢节点。图 7.39（a）、（b）所示为一典型圆柱上铰接支座的三维模型。考虑到结构支座的实际受力特点，对控制工况荷载组合下铰接支座的受力情况进行分析。

以下简要给出典型的圆柱上柱脚和方柱上柱脚的分析结果。图 7.39（c）、（d）给出了最不利荷载工况下铰接支座的 Mises 应力云图，可见上部铸钢最大 Mises 应力为111MPa，下部铸钢最大 Mises 应力为 84MPa，因此，铸钢节点的设计是安全可靠的。

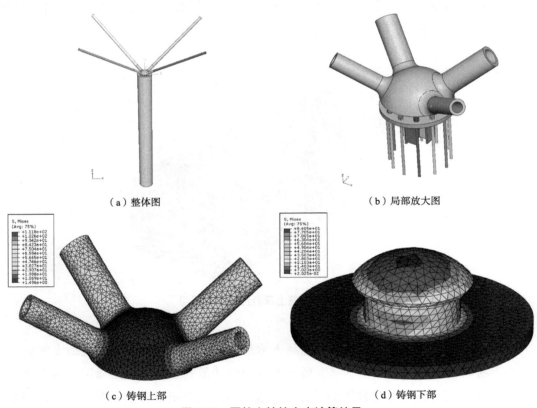

（a）整体图　　　　　　　　　　　　　（b）局部放大图

（c）铸钢上部　　　　　　　　　　　　　（d）铸钢下部

**图 7.39　圆柱上铰接支座计算结果**

图 7.40 给出了最不利荷载工况下的方柱上柱脚的分析结果，可见上部铸钢最大 Mises 应力为 126MPa，下部铸钢最大 Mises 应力为 79MPa，因此，铸钢节点的设计是安全可靠的（尧国皇，谭伟等，2009a；尧国皇，谭伟等，2009b）。孙素文等（2012）

将弹塑性分析方法应用于深圳平安金融中心大厦的巨型型钢柱脚的设计，也取得了较好的效果。

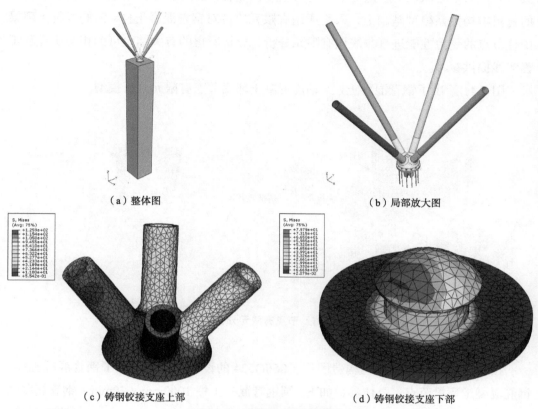

（a）整体图　　　　　　　　　　　　　　（b）局部放大图

（c）铸钢铰接支座上部　　　　　　　　　　（d）铸钢铰接支座下部

图 7.40　铰接支座计算结果

## 7.1.4　钢管混凝土柱 - 钢筋混凝土环梁节点

钢管混凝土由于具有承载力高、抗震性能好、施工方便、抗火性能优于钢结构等优点在工程实践中应用越来越广泛，特别适合抗震设防的高层建筑。我国大多数建筑的楼盖采用钢筋混凝土梁板体系，因此处理钢管混凝土柱与钢筋混凝土梁的节点是推广钢管混凝土柱的关键问题之一（尧国皇，黄用军等，2008）。

钢管混凝土柱 - 钢筋混凝土环梁节点：在钢管周圈贴焊一道（或两道）钢筋作为抗剪环，环梁通过抗剪环将框架梁端剪力传递到钢管；现浇 RC 环梁围绕钢管，与钢管紧密箍抱，框架梁的纵向钢筋锚固在环梁内，借助环梁将弯矩传递给钢管。环梁节点的钢管内无加劲环及穿心构件，不影响钢管内混凝土浇筑；环梁钢筋笼无方向性，在地面绑扎后吊装，高空就位方便，现场除钢管接长无焊接工作量。目前已经有多幢高层建筑采用了这种节点，研究者和工程界已经进行大量此类节点的静力或动力试验研究，为这类节点的工程设计提供了很好的参考。

本书第一作者曾在厦门海峡交流中心二期二号塔楼（结构体系为钢管混凝土框架 - 钢筋混凝土核心筒结构）的地下室节点设计时考虑采用钢管混凝土柱 - 钢筋混凝土环梁节点。为了更深入了解这类节点受力全过程性能，并为设计提供参考，在选择合理的材料本构关系模型基础上，采用通用有限元软件对钢管混凝土柱 - 钢筋混凝土环梁中柱节点的受力性能进行非线性有限元分析，分析所得的有关结论可为相关研究和工程实践提供参考。

图 7.41 给出了钢管混凝土柱 - 钢筋混凝土环梁节点有限元分析模型。

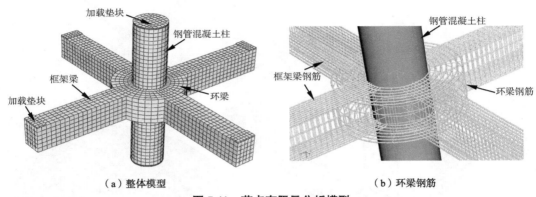

（a）整体模型　　　　　　　　　　　　（b）环梁钢筋

**图 7.41　节点有限元分析模型**

按照《钢管混凝土结构构造图集》06SG524 的设计原则，设计了钢管混凝土柱 - 钢筋混凝土环梁节点，具体参数如下：圆钢管混凝土柱 1000mm×20mm，钢管屈服强度为 345MPa，内灌 C60 混凝土；框架梁截面尺寸为 600mm×800mm，底筋和顶筋均为直径 22mm 的钢筋，箍筋为 $\Phi$10@100；环梁宽度为 600mm，环梁高度与框架梁相同，其箍筋也为$\Phi$10@100。根据《钢管混凝土结构构造图集》06SG524 的规定：环梁上、下主筋截面面积分别不应小于框架梁上、下主筋截面面积的 0.7 倍，本书的有限元模型中环梁上、下主筋均为 7 根直径 22mm 的钢筋，即面积比值为 0.7。

为全面了解钢管混凝土柱 - 钢筋混凝土环梁节点的工作性能，本书在计算分析时采用了两种加载方式，以下分别详细分析论述。

1. 加载模式一

即先在钢管混凝土柱施加轴压力（轴压比标准值 $n$ 为 0.7，$n=N/N_0$，$N_0$ 为钢管混凝土柱轴压强度标准值，按《钢管混凝土结构技术规范》GB 50936-2014 的有关公式计算），采用力的加载，然后在框架梁端施加竖向力，采用位移加载，直到破坏。

图 7.42 给出了钢管混凝土施加轴压力后钢筋、混凝土和钢管的应力状态。对受力全过程分析表明，随着钢管混凝土轴向力的增加，环梁箍筋的应力不断增加，且最靠近钢管的箍筋其应力最大，当 $n=0.7$ 时，最内肢箍筋应力约为屈服强度的 0.6 倍，

此时环梁腰筋的应力约为屈服强度的 0.3 倍，环梁上、下主筋的应力很小。钢管的应力基本接近钢材屈服强度，环梁节点位置钢管的应力比其他部位的钢管更小，约为 0.7 倍屈服强度。从图 7.42（b）可见，环梁内部的纵向应力较大，沿环梁径向迅速减小。

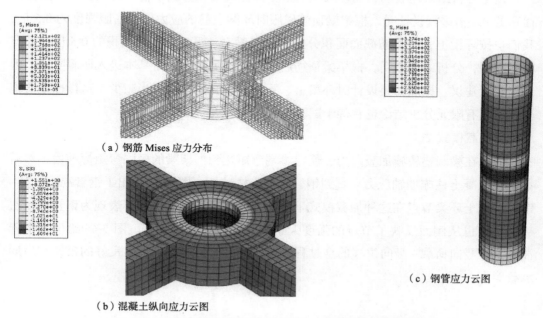

（a）钢筋 Mises 应力分布

（b）混凝土纵向应力云图

（c）钢管应力云图

图 7.42　施加轴压力后钢筋、混凝土和钢管的应力状态

随着框架梁端竖向位移的增加，靠近节点处框架梁顶筋的应力不断增加，图 7.43 给出了框架梁顶筋屈服时钢筋 Mises 应力分布、混凝土的最大主塑性应变矢量图和钢管应力云图。分析结果表明，框架梁顶筋屈服时最内层环梁箍筋的应力约为屈服强度的 0.8 倍，而环梁主筋的应力较小，仅为屈服强度的 0.5 倍，环梁节点上、下端钢管

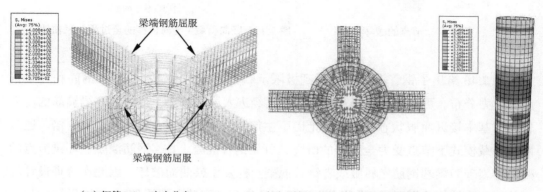

梁端钢筋屈服

梁端钢筋屈服

（a）钢筋 Mises 应力分布　　　（b）混凝土的最大主塑性应变矢量图　（c）钢管应力云图

图 7.43　钢筋 Mises 应力分布、混凝土的最大主塑性应变矢量图和钢管应力云图

已经全部进入屈服状态，节点处钢管应力也接近屈服。对混凝土的最大主塑性应变矢量图的全过程分析表明，首先梁端出现裂纹，然后裂纹逐渐向环梁内延伸，框架梁顶筋屈服时，环梁和梁端均出现裂纹，这与有关文献的试验结果是基本一致的。

以上分析结果还表明，当环梁上、下主筋截面面积分别按框架梁上、下主筋截面面积的 0.7 倍进行设计时，框架梁顶筋屈服时环梁主筋的应力仅为屈服强度的 0.5 倍，我们也按环梁上、下主筋截面面积分别为框架梁上、下主筋截面面积的 0.5 倍设计有限元模型，分析结果表明，框架梁顶筋屈服时环梁主筋的应力基本进入屈服阶段。因此，作者建议，按照图集设计时环梁上、下主筋截面面积可适当减少，这样也方便施工，当然有限元分析结论也有待于试验研究结果的进一步验证。

2. 加载模式二

即先在梁端垫块施加竖向力，使得梁端弯矩达到框架梁的极限弯矩标准值，然后在钢管混凝土柱施加轴压力，直到钢管混凝土柱破坏。图 7.44 给出了钢管混凝土柱 - 钢筋混凝土环梁节点在这种加载模式下的破坏模态，可见节点破坏表现为钢管的鼓曲破坏，这也从侧面反映了节点的强度大于钢管混凝土柱的强度。图 7.45 给出了钢管混凝土柱竖向荷载 - 竖向位移的全过程关系曲线，可见曲线表现出良好的延性和后期承载能力。

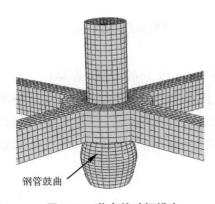

图 7.44　节点的破坏模态

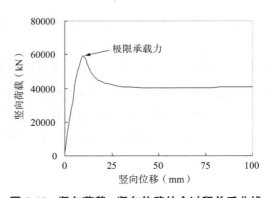

图 7.45　竖向荷载 - 竖向位移的全过程关系曲线

图 7.46 给出了钢管混凝土柱达到极限承载力时刻，钢管、框架梁钢筋和环梁钢筋的应力分布。可见，此时钢管全截面都已经进入屈服状态，最内肢环梁箍筋的应力较高，基本接近屈服状态，而环梁上、下主筋的应力约为其屈服强度的 0.5 倍。通过两种加载模式下节点受力全过程的研究，可见钢管混凝土柱 - 钢筋混凝土环梁节点的破坏均表现为梁端钢筋先屈服或者钢管混凝土柱发生鼓曲而破坏，因此在合理设计环梁截面和配筋的前提下，这类节点可以很好地实现"强节点弱构件"的抗震设计要求。同时还可见节点破坏时，环梁箍筋的应力基本进入屈服状态，说明箍筋的受力比较大，

本书作者建议，在进行钢管混凝土柱 - 混凝土环梁节点设计时，其环梁的配箍率至少不小于与之相接的框架梁中的配箍率最大值。

在选择了合理的钢材和混凝土本构关系模型的基础上，利用通用有限元软件 ABAQUS 对钢管混凝土柱 - 钢筋混凝土环梁节点的受力性能进行了研究，在本书研究参数范围内，可以得到如下初步结论（尧国皇，黄用军等，2008）：①钢管混凝土柱 - 钢筋混凝土环梁节点可以实现"强节点弱构件"的抗震设计要求；②按图集进行该类节点设计时，环梁上、下主筋截面面积可适当减少，这样也方便施工，当然分析结论也有待于试验研究结果的进一步验证。

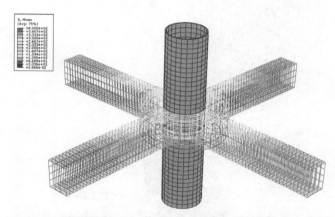

图 7.46　钢管混凝土柱达到极限承载力时刻钢管、框架梁钢筋和环梁钢筋的应力分布

## 7.1.5　加固改造项目中的钢筋混凝土节点

某工程欲在原有的钢筋混凝土结构上新增钢屋架，业主担心新增钢屋架后原结构的安全性，委托本书第一作者进行相应的分析校核（尧国皇，廖飞宇，2017a）。作者采用有限元软件对该复杂节点的受力进行了分析。

图 7.47 所示为该工程典型节点的有限元分析模型，模型底部采用固定端边界条件，在混凝土梁端和拟新增钢构件端部施加荷载。

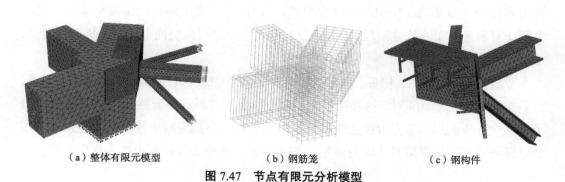

（a）整体有限元模型　　　　　　　（b）钢筋笼　　　　　　　（c）钢构件

图 7.47　节点有限元分析模型

对于该复杂节点，首先进行弹性分析，其目的是判断结构是否进入弹塑性状态，若没有进入非线性阶段，则可以采用弹性分析结果。

图 7.48 给出了弹性分析时获得的钢构件应力云图，可见钢筋、锚栓和钢板的 Mises 屈服应力其最大值分别为 99MPa、41.8MPa 和 125.7MPa，都小于钢材的屈服强度，可判断钢结构部分材料处于弹性阶段。

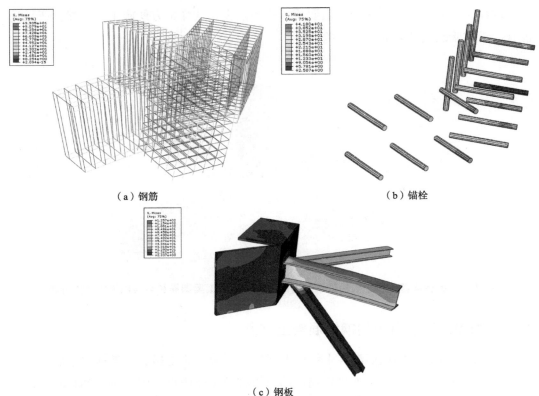

（a）钢筋　　　　　　　　　　　　　　　（b）锚栓

（c）钢板

**图 7.48　弹性分析获得的节点中钢构件应力云图**

图 7.49 给出了弹性分析时获得的节点中混凝土的应力云图，可见混凝土最大压应力和拉应力分别为 17.8MPa 和 11.95MPa，超过了混凝土的抗拉强度标准值，说明混凝土材料进入了非线性阶段，因此需要对节点应力进行弹塑性有限元分析（尧国皇，廖飞宇，2017a）。

节点弹塑性分析时，钢板、锚栓和钢筋采用 ABAQUS 软件提供的等向弹塑性模型，满足 Von Mises 屈服准则，这种模型多用于模拟金属材料的弹塑性性能。图 7.50 给出了弹塑性分析获得的节点混凝土中的钢筋应力云图，可见混凝土柱顶部分箍筋和梁中部分纵筋进入了屈服阶段（应力值超过 235MPa），其他部位钢筋未进入屈服阶段。

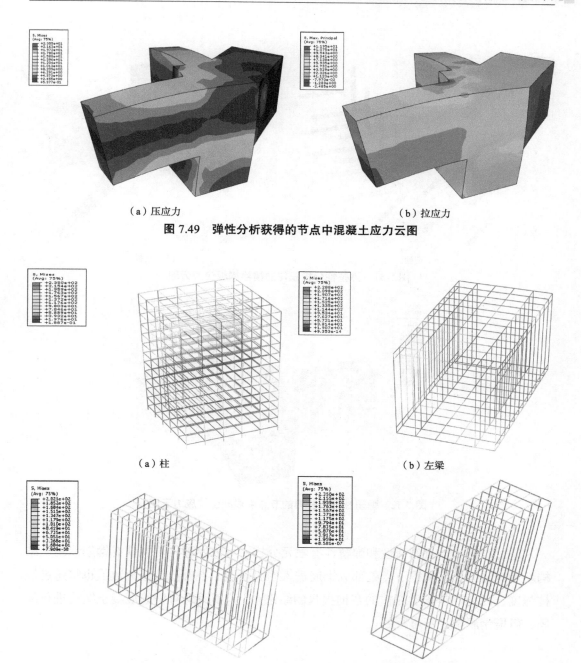

（a）压应力　　　　　　　　　　　（b）拉应力

**图 7.49　弹性分析获得的节点中混凝土应力云图**

（a）柱　　　　　　　　　　　（b）左梁

（c）右梁　　　　　　　　　　　（d）中梁

**图 7.50　弹塑性分析获得的节点混凝土中钢筋应力云图**

　　图 7.51 给出了弹塑性分析获得的锚栓和钢板应力云图，可见锚栓和钢板的最大应力分别为 299.7MPa 和 190.6MPa，未进入屈服阶段。图 7.52 给出了节点中混凝土的拉应力云图，可见混凝土最大拉应力数值为 2.236MPa，超过了抗拉强度标准值（节点混凝土强度等级为 C30）。

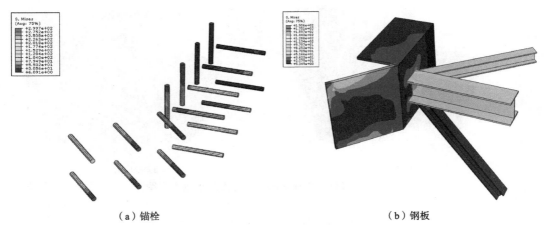

（a）锚栓 　　　　　　　　　　　　　　（b）钢板

**图 7.51　弹塑性分析获得的锚栓钢板应力云图**

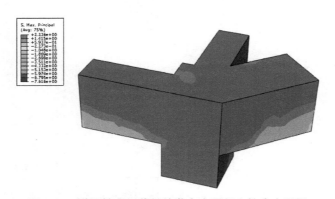

**图 7.52　弹塑性分析获得的节点中混凝土拉应力云图**

通过对这个节点的弹性和弹塑性有限元分析，可以发现，若在现有钢筋混凝土结构新增钢屋架，将使得节点处部分钢筋进入屈服阶段、混凝土拉应力数值也将超过抗拉强度，因此作者给委托方的咨询报告的结论是：若不对现有钢筋混凝土结构进行加固，新增钢屋架是不可行的。

## 7.2　在建筑结构整体分析中的应用

本节基于本书研究成果，具体介绍了建筑结构弹塑性分析技术在结构整体分析中的工程应用，包括多层钢筋混凝土框架结构、超高层剪力墙结构、超高层框支剪力墙结构和一栋超高层框架 - 核心筒结构工程实例，具体介绍各工程弹塑性分析模型参数、模型验证以及相关分析结果，为了不使介绍过程显得过于累赘和重复，本书仅给出分析的重要结果，以说明本书相关研究成果在实际工程中的应用情况。

### 7.2.1　钢筋混凝土框架结构

#### 1. 模型参数

本工程为多层复杂框架结构，存在平面不规则、竖向构件不连续的特点，按照抗震规范要求，罕遇地震弹塑性时程分析所选用的单条地震波需满足以下频谱特性：特征周期与场地特征周期接近；最大峰值符合规范要求（7 度 0.10$g$ 为 220gal），持续时间为结构第一周期的 5 ~ 10 倍，本工程实例取 15s。采用双向地震波输入，地震输入点在模型与地面的节点处，地震方向将沿着模型第一和第二模态变形方向，峰值加速度按照 X ：Y=1 ： 0.85 输入。图 7.53 所示为结构弹塑性分析模型，图 7.54 所示为地震波反应谱曲线图。

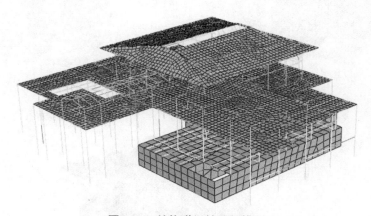

**图 7.53　结构弹塑性分析模型**

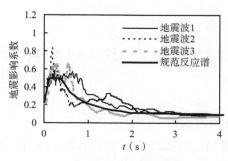

**图 7.54　反应谱曲线图**

#### 2. 模型验证

分析前进行弹塑性分析模型验证，表 7.2 给出了 ABAQUS 和 SATWE 软件计算获得结构 6 个周期的对比。

**周期比较（s）** 表 7.2

| 振型 | ABAQUS | SATWE | 振型 | ABAQUS | SATWE | 振型 | ABAQUS | SATWE |
|---|---|---|---|---|---|---|---|---|
| 1 | 0.667 | 0.637 | 3 | 0.584 | 0.556 | 5 | 0.304 | 0.296 |
| 2 | 0.647 | 0.611 | 4 | 0.313 | 0.307 | 6 | 0.282 | 0.263 |

图 7.55 给出了前三个振型模态，其中，第一振型为 Y 向平动、第二振型为 X 向平动、第三振型为扭转。比较结果表明，ABAQUS 弹性模型与 SATWE 弹性分析模型的动力特性基本一致。

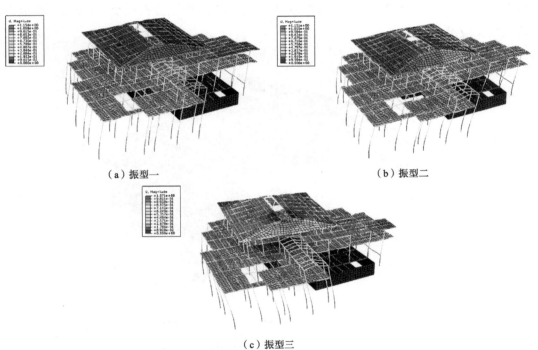

（a）振型一　　　　（b）振型二

（c）振型三

**图 7.55　ABAQUS 软件计算获得的前三阶振型模态**

3. 弹塑性分析结果

（1）框架梁柱应力发展过程

图 7.56 给出了 15s 时刻钢筋混凝土框架中钢筋的应力云图，可见在地震作用结束时钢筋混凝土框架中钢筋的最大应力为 339.3MPa，小于钢筋的屈服强度。从图中还可以看出，结构顶部的小立柱钢筋应力较大，应适当加强。

图 7.57 给出了 15s 时刻钢筋混凝土框架中混凝土的应力云图，可见在地震作用结束时钢筋混凝土框架中钢筋的最大压应力为 15.96MPa，小于混凝土的抗压标准强度。最大拉应力为 2.1MPa 以下，小于混凝土的抗拉标准强度，但局部梁端拉应力较大，需要加强。

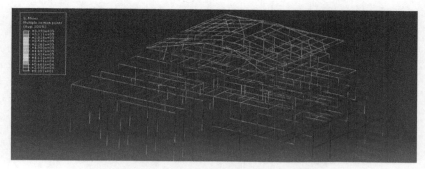

图 7.56　钢筋混凝土框架中钢筋的应力云图

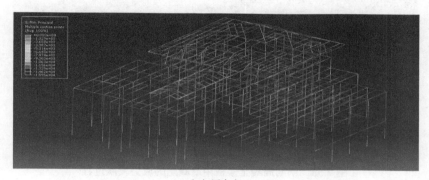

（a）压应力

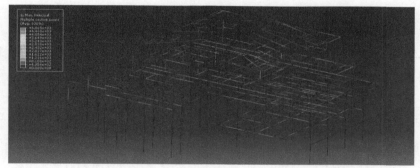

（b）拉应力

图 7.57　钢筋混凝土框架中混凝土的应力云图

（2）楼板应力发展过程

图 7.58 给出了 15s 时刻钢筋混凝土楼板的应力云图，可见在地震作用结束时钢筋混凝土框架中楼板的最大压应力为 12.8MPa，小于混凝土的抗压标准强度。最大拉应力为 1.87MPa 以下，小于混凝土的抗拉标准强度。从图 7.58 可见，对于混凝土楼板，最大应力出现在框架柱不落地处（转换处），因此，这些部位的楼板配筋应该适当加强。

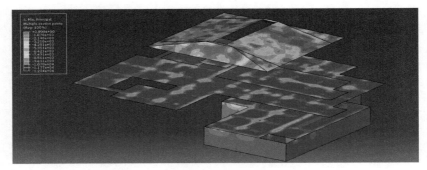

（a）压应力

（b）拉应力

**图 7.58　钢筋混凝土楼板中混凝土的应力发展过程**

（3）结构顶点位移时程曲线、最大层间位移角和基底剪力时程曲线

图 7.59 给出了地震波 1 双向输入计算情况下，结构顶点 X 向和 Y 向位移时程曲线，从图中可见，结构两个方向顶点最大位移数值基本相同。

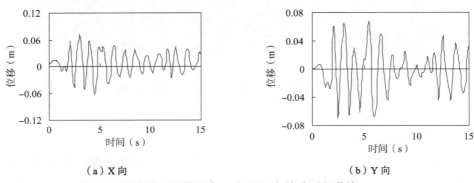

（a）X 向　　　　　　　　　　　（b）Y 向

**图 7.59　结构顶点 X 向和 Y 向位移时程曲线**

表 7.3 给出了结构在罕遇地震波双向输入作用下结构最大层间位移角，可见均小于《建筑抗震设计规范》GB 50011-2010 中钢筋混凝土框架弹塑性层间位移角限值 1/50 的要求。

**地震波 1 双向输入作用下结构最大层间位移角**　　表 7.3

| 方向 | 最大层间位移角 | 楼层 |
|---|---|---|
| X 向 | 1/188 | 2 |
| Y 向 | 1/153 | 4 |

图 7.60 给出了楼层最大层间位移角包络值与楼层的关系曲线。

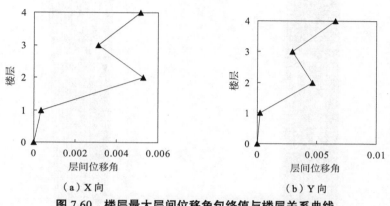

（a）X 向　　　　　　　　　（b）Y 向

**图 7.60　楼层最大层间位移角包络值与楼层关系曲线**

**（4）弹塑性分析结论**

针对该复杂钢筋混凝土框架结构，通过弹塑性时程分析，可得到以下结论：

①本钢筋混凝土框架结构在罕遇地震作用双向输入下，结构最大层间位移角小于现行规范限值；

②在钢筋混凝土框架部分，顶部楼层的小立柱等局部构件应力较大，需要加强；在钢筋混凝土楼板部分，在上部框架柱不落地处（即转换处）楼板和屋顶楼板的尖角处的拉应力较大，需要适当加强；

③该结构在罕遇地震作用下，竖向构件的最大应力均没有超过材料强度的标准值。该结构可抵御 7 度大震的地震波，能够实现"大震不倒"的性能目标。

## 7.2.2　超高层钢筋混凝土剪力墙结构

### 1. 模型参数

该工程位于深圳市福田区，建筑总高 139m，共 46 层，第 1 ~ 2 层层高为 6m，其余标准层层高为 3m。结构标准层平面尺寸为 43.75m × 21.9m，核心筒高宽比为 139/21.9=6.3，采用钢筋混凝土剪力墙结构体系。结构设计基准期为 50 年，建筑场地类别为 II 类，安全等级为二级，抗震设防烈度为 7 度，场地特征周期为 0.45s，基本震加速度为 0.1g，抗震设防类别为丙类，设计地震分组为第一组（尧国皇，2017；尧国皇和廖飞宇，2017a）。

由于该结构存在平面不规则和竖向不规则，属超限结构，对该结构进行了罕遇地震作用下的动力弹塑性时程分析，为结构抗震设计提供参考。

三维非线性结构整体分析模型，如图 7.61 所示。图 7.62 所示为波形图及反应谱曲线图。

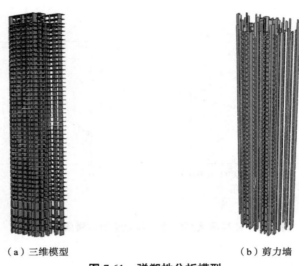

（a）三维模型　　　　　　　　　　（b）剪力墙

图 7.61　弹塑性分析模型

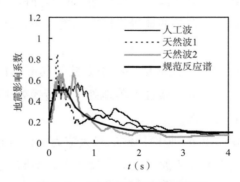

图 7.62　波形图及反应谱曲线图

**2. 模型验证**

将结构非线性模型（以下称 ABAQUS 模型）的各主要弹性性能指标与 ETABS 弹性模型结果进行对比分析：

（1）结构总质量：ETABS 模型 57.69 万 t（恒载 +0.5 活载）；ABAQUS 模型 57.49 万 t（恒载 +0.5 活载），质量误差约为 1%。

（2）自振周期与振型：表 7.4 给出了 ABAQUS 模型和 ETABS 模型前六个周期的

对比。

表 7.5 给出了前六个振型的模态对比，其中，第一振型为 Y 向平动，第二振型为 X 向平动，第三振型为扭转。结果表明，模型动力特性是一致的。

| 周期比较（s） | | | | | 表 7.4 |
|---|---|---|---|---|---|
| 振型 | ABAQUS | ETABS | 振型 | ABAQUS | ETABS |
| 1 | 3.745 | 3.587 | 4 | 1.155 | 1.106 |
| 2 | 3.466 | 3.545 | 5 | 0.990 | 0.928 |
| 3 | 3.342 | 3.028 | 6 | 0.830 | 0.919 |

结构前六阶振型模态比较 表 7.5

| （a）ABAQUS 计算 | （1）第一阶 | （2）第二阶 | （3）第三阶 | （4）第四阶 | （5）第五阶 | （6）第六阶 |
| （b）ETABS 计算 | （1）第一阶 | （2）第二阶 | （3）第三阶 | （4）第四阶 | （5）第五阶 | （6）第六阶 |

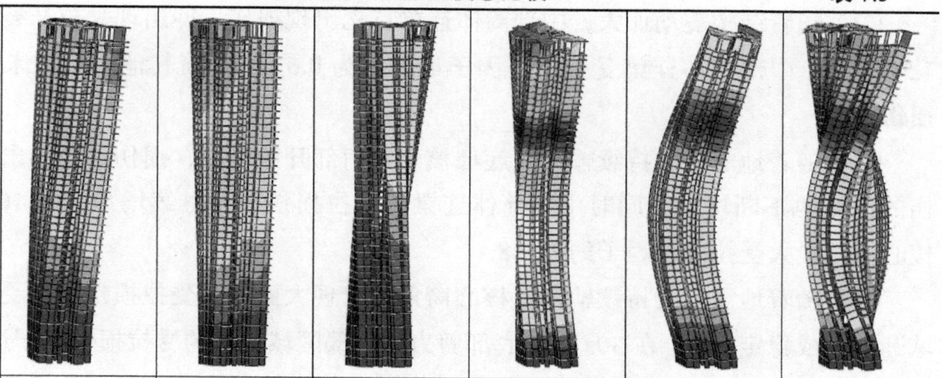

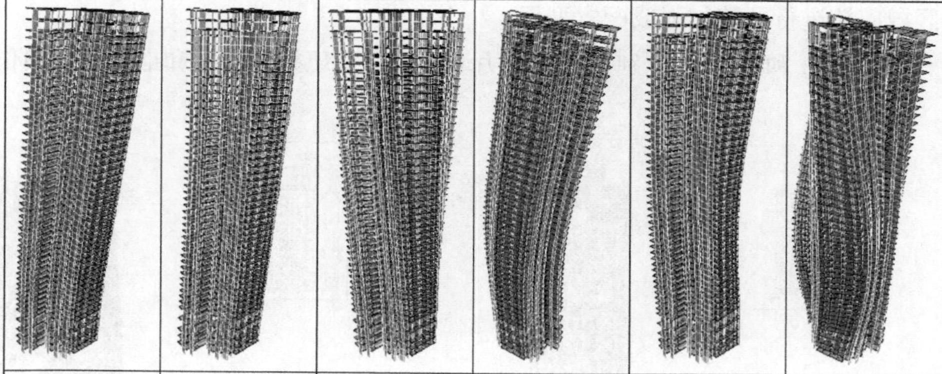

3. 弹塑性分析结果

剪力墙受压损伤发展历程为：

（1）0 ~ 4.5s 内结构基本处于弹性工作状态，剪力墙混凝土基本没有出现受压损伤，剪力墙混凝土的最大受压损伤因子在 0.05 以下。

（2）在双向地震波输入作用下，结构开始振动，剪力墙及连梁首先出现损伤，其中底部剪力墙为明显，在 10s 时刻，混凝土受压损伤约为 0.1，连梁约为 0.4；其他部位混凝土剪力墙则未发生受压损伤。

（3）随着地震动的持续进行，各楼层的连梁损伤因子范围及大小继续发展，剪力墙也有一定的损伤发展，在 20s 时刻，连梁最大受压损伤因子接近为 0.5，而大部分剪力墙混凝土的受压损伤因子仍在 0.1 左右。

（4）地震波输入的 20～30s 时间过程中，连梁的损伤进一步增加，但连梁的受压因子均未超过 0.6，而剪力墙混凝土的受压损伤因子变化不大。

剪力墙受拉损伤发展历程为（尧国皇，2017；尧国皇和廖飞宇，2017a）：

（1）0～5.4s 内结构基本处于弹性工作状态，剪力墙混凝土基本没有出现受拉损伤。

（2）随着结构震动加大，中部筒体连梁首先出现损伤，即出现受拉开裂现象，在 7.5s 时刻，中部筒体连梁受拉损伤因子最大约为 0.6；核心筒其他部位则未发生受拉损伤。

（3）随着地震波的持续输入，底部核心筒角部开始受拉，损伤因子和出现受拉损伤的区域也不断增加，同时中部筒体连梁的受拉损伤因子继续增加，在 10.3s 时刻，核心筒的最大受拉损伤因子约为 0.8。

（4）随着地震波的持续输入，核心筒角部出现大面积的受拉损伤，且受拉损伤区域开始形成稳定区域，在 30s 时刻底部剪力墙局部区域最大的受拉损伤因子达到 0.95，这时该区域混凝土已经基本退出工作，筒体拉力主要由剪力墙中的钢筋承担，该局部区域应该进行配筋加强或配置型钢。

图 7.63 和图 7.64 分别给出了剪力墙的最终受压损伤云图和最终受拉损伤云图。

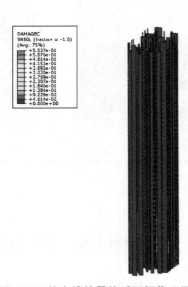

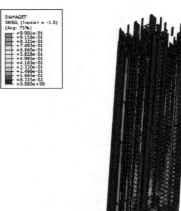

图 7.63　剪力墙的最终受压损伤云图　　　　图 7.64　剪力墙的最终受拉损伤云图

表 7.6 给出了结构在罕遇地震波双向输入作用下结构最大层间位移角，从表 7.6 的计算结果可见，结构在两个方向上的最大层间位移角均小于规范规定的弹塑性最大层间位移角限值 1/120 的要求。

| 地震波输入作用下结构最大层间位移角 | | | 表 7.6 |
| --- | --- | --- | --- |
| 地震波 | 最大层间位移角 | 楼层 | 发生时刻（s） |
| X 向 | 1/246 | 22 | 8.7 |
| Y 向 | 1/320 | 18 | 8.2 |

图 7.65 给出了结构顶点 X 向和 Y 向位移时程曲线，可见 X 向和 Y 向存在一定差异，这与结构两个方向动力特性不同有关。

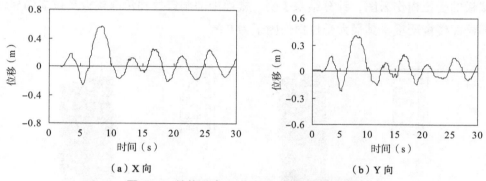

（a）X 向　　　　　　　　　　（b）Y 向

**图 7.65　结构顶点 X 向和 Y 向位移时程曲线**

计算结果表明，楼板损伤程度随结构层的增加变化不大，在结构中部高度处楼板的受拉损伤的范围较大。图 7.66 给出了典型楼层楼板的最终受压损伤云图和受拉损伤云图，可见混凝土的最大损伤出现在楼板角部和楼板开洞的连接处，设计时在损伤较大的楼层应适当加强楼板的配筋。

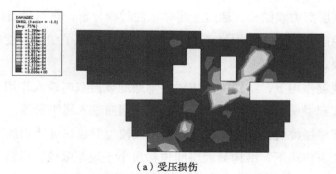

（a）受压损伤

**图 7.66　典型楼层楼板的最终损伤云图（一）**

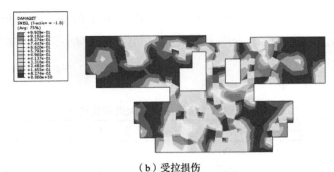

（b）受拉损伤

**图 7.66　典型楼层楼板的最终损伤云图（二）**

图 7.67（a）给出了楼板的最终受压损伤云图，计算结果表明，楼面中部楼板受压损伤程度较外部楼面楼板严重，但其最大受拉损伤因子为 0.05。图 7.67（b）给出了楼板的受拉损伤云图，计算结果表明，楼面中部洞口处和角部楼板受拉损伤程度较外部楼面楼板严重，其最大受拉损伤因子为 0.9。

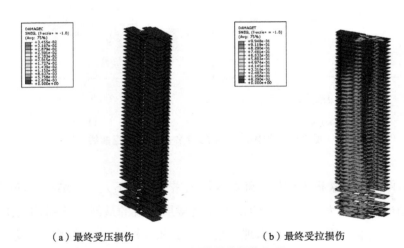

（a）最终受压损伤　　　　　　　　　　（b）最终受拉损伤

**图 7.67　楼板的最终损伤云图**

针对该超高层剪力墙结构，通过上述弹塑性时程分析，可以得出以下结论：

（1）罕遇地震作用下，结构位于中下部的剪力墙出现了中等程度的损伤，但剪力墙中钢筋未屈服。

（2）罕遇地震作用下，结构中的连梁在罕遇地震波双向输入作用下出现损伤的程度较为严重，起到了一定的耗能作用，部分连梁钢筋进入屈服阶段。

（3）中下部楼层楼板在罕遇地震下损伤情况较为明显，可适当加大楼板配筋。

（4）罕遇地震作用下，结构最大层间位移角小于规范限值，可抵御 7 度大震地震波（峰值加速度 220gal），能够实现"大震不倒"的目标。

### 7.2.3　超高层 - 框支剪力墙结构

**1. 模型参数**

该工程建筑总高 105m，共 30 层（包括 1 层地下室），由于建筑功能的需要，该结构采用钢筋混凝土框支剪力墙结构体系，转换层在第 2 层。本项目的结构设计基准期为 50 年，建筑场地类别为 Ⅱ 类，安全等级为二级，场区内除场地平整至设计地坪后局部可能存在原状土边坡或人工填土边坡外，未发现岩溶、土洞、滑坡、崩塌以及区域性全新活动断裂等不良地质现象存在。因此，场地属可进行工程建设的一般场地。

场地抗震设防烈度为 7 度，设防类别为丙类，场地特征周期为 0.35s，基本地震加速度为 0.1$g$，设计地震分组为一组。建筑地基基础设计等级为甲级，由于该结构存在平面不规则和竖向不规则，故属超限建筑结构（尧国皇，2017；尧国皇和廖飞宇，2017a）。

由于本工程框支柱截面较大，分析时分别建立了框支柱采用梁单元和壳单元的两个模型，分析结果表明，框支柱采用壳单元计算结果更为合理，图 7.68 所示为有限元分析模型。本节以框支柱采用壳单元模拟的模型为例，详细阐述结构弹塑性分析结果。

（a）框支柱用梁单元　　　　　　　　　（b）框支柱用壳单元

**图 7.68　有限元分析模型**

**2. 模型验证**

在进行弹塑性动力时程分析前，对结构 ABAQUS 模型的各主要弹性性能指标与弹性模型结果（取自 SATWE 计算结果）进行了对比分析。对比分析指标包括结构总质量、结构自振周期与振型三个方面。弹性模型的总质量是 20738t，有限元模型的总质量是 20550t，两个模型的质量误差为 0.91%。表 7.7 给出了 ABAQUS 有限元模型和 SATWE 弹性模型前六个周期计算值的对比，可见前六个周期的数值较为接近，误差在 3% ~ 6%。

| 振型 | 周期比较（s） | | | | | 表 7.7 |
|---|---|---|---|---|---|---|
| 振型 | 1 | 2 | 3 | 4 | 5 | 6 |
| 有限元模型 | 2.323 | 1.613 | 1.387 | 0.641 | 0.459 | 0.428 |
| 弹性模型 | 2.388 | 1.698 | 1.412 | 0.683 | 0.435 | 0.404 |

图 7.69 给出了有限元模型计算获得的前三阶振型的振型模态，分别为 Y 向平动振型、X 向平动和扭转振型。计算结果表明，有限元模型与弹性分析模型的动力特性是一致的。

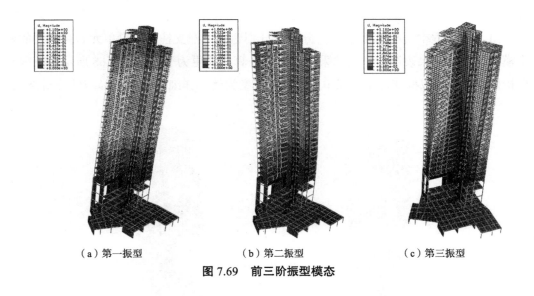

（a）第一振型　　　　　（b）第二振型　　　　　（c）第三振型

**图 7.69　前三阶振型模态**

3. 弹塑性分析结果

在 25s 计算时间历程里，剪力墙（包括转换梁和框支柱）受压损伤演化过程如下：

（1）0 ~ 2.5s 内结构基本处于弹性工作状态，剪力墙、转换梁和框支柱混凝土基本没有出现受压损伤，最大受压损伤因子在 0.05 以下，但转换梁局部区域已经出现了受压损伤。

（2）随着地震波不断从基底输入，结构开始振动，结构转换梁附近受压损伤区域开始逐渐增加，其他部位混凝土剪力墙则未发生受压损伤。

（3）随着地震动的持续进行，受压损伤范围继续发展，计算结束时刻，转换梁区域局部最大受压损伤因子接近 0.9，但未出现成片的混凝土受压严重区域，大部分区域混凝土剪力墙受压损伤因子在 0.1 以下，剪力墙（包括转换梁和框支柱）混凝土未进入压碎状态。

在 25s 计算时间历程里，剪力墙（包括转换梁和框支柱）受拉损伤发展过程如下：

（1）0 ~ 2s 内结构基本处于弹性状态，混凝土基本未出现受拉损伤。

（2）随着地震波不断从基底输入，结构开始振动，中部和下部（第 1 ~ 8 层）剪力墙连梁首先出现受拉损伤，即出现受拉开裂现象，在 5s 时刻，中下部楼层剪力墙中连梁（包括转换梁和框支柱）受拉损伤因子最大在 0.6 ~ 0.8，其他部位混凝土受拉损伤程度稍轻。

（3）随着地震的持续输入，底部剪力墙开始受拉，损伤因子数值和出现受拉损伤的区域也不断增加，在 10s 时刻，最大受拉损伤因子约为 0.9。

（4）计算结束时，剪力墙出现大面积的受拉损伤，且受拉损伤区域开始形成稳定区域，在 25s 时刻，最大受拉损伤因子达到 0.99，表明这部分混凝土开裂较严重。

通过细致分析可知，剪力墙（包括转换梁和框支柱）损伤性能评价为：

（1）主要受拉损伤部位为连梁、转换梁及其附近墙体。

（2）受压损伤区域较小，且未连成片。

（3）连梁在结构中起到了很好的耗能作用。

（4）部分钢筋进入了屈服阶段，但塑性应变小于钢筋的极限塑性应变 0.025。

图 7.70 所示为剪力墙（包括转换梁和框支柱）的最终受压损伤云图和最终受拉损伤云图。图 7.71 给出了计算结束时楼板混凝土受压和受拉损伤云图，可见结构转换层附近楼板受压损伤较大，其最大受压损伤因子达 0.5，其他大部分区域楼板混凝土受压损伤因子在 0.05 以下。楼板混凝土最大受拉损伤因子约为 0.9，受拉损伤程度严重区域主要集中在中下部楼层楼板（第 1 ~ 8 层）（尧国皇，2017；尧国皇和廖飞宇，2017a）。

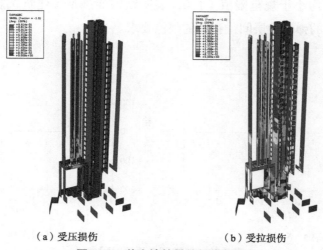

（a）受压损伤　　　　　　　　　（b）受拉损伤

**图 7.70　剪力墙的最终损伤云图**

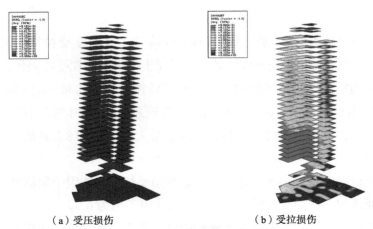

（a）受压损伤　　　　　　　　（b）受拉损伤

图 7.71　楼板的最终损伤云图

　　通过细致分析，楼板损伤性能评价为：①楼板混凝土（包括转换层楼板）在地震过程中基本不出现受压损伤；②楼板混凝土的受拉损伤主要出现在结构的中下部区域，主要集中在转换层附近楼板；③楼板混凝土中钢筋未进入屈服阶段，还处于弹性阶段。

　　弹塑性分析结果表明，在 25s 时刻，钢筋混凝土梁柱中混凝土的最大受压损伤因子小于 0.01，且出现在个别混凝土梁上。钢筋混凝土梁中混凝土的最大受拉损伤因子达 0.9，框架柱中混凝土未出现受拉损伤。在结构整个计算过程中，钢筋混凝土梁柱中钢筋最大 Mises 应力为 253.5MPa，钢筋还未进入屈服阶段。

　　以上分析结果表明，罕遇地震作用下，该高层框支剪力墙中框架构件的抗震性能良好。

　　图 7.72 给出了计算历程中结构顶点 X 向和 Y 向位移时程曲线，可见两个方向的位移时程曲线存在一定的差异，原因在于结构两个方向的刚度存在差异。计算结果表明，最大层间位移角出现在第 29 层（X 向）和第 29 层（Y 向），其数值分别为 1/354 和 1/231，均小于规范限值 1/120，表明结构能满足《建筑抗震设计规范》GB 50011-2010 规定的弹塑性层间位移角的限值要求。

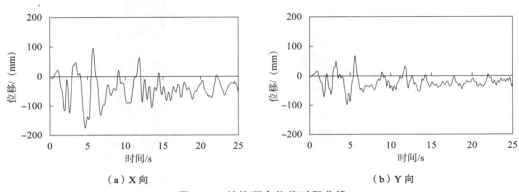

（a）X 向　　　　　　　　（b）Y 向

图 7.72　结构顶点位移时程曲线

　　采用有限元软件建立了某高层框支剪力墙结构的抗震分析模型，分析了其在罕遇地震作用下的地震响应。通过对剪力墙、楼板、框架梁柱的损伤过程进行分析，针对本工程结构，可得到如下结论：

　　（1）剪力墙的主要受拉损伤部位为转换层附近墙体；剪力墙的主要受压损伤部位为转换梁附近。

　　（2）楼板混凝土（包括转换层楼板）在地震过程中基本不出现受压损伤；楼板混凝土的受拉损伤主要出现在结构的中下部区域，主要集中在转换层附近的楼板混凝土位置。

　　（3）框架柱、框架梁基本未出现受压损伤；框架柱基本未出现受拉损伤；框架柱、梁的钢筋未进入弹塑性工作状态。

　　（4）罕遇地震作用下，该结构的最大层间位移角满足现行规范的要求。

### 7.2.4　超高层框架 - 核心筒结构

#### 1. 模型参数

　　该工程位于厦门市思明区会展北片区，建筑总高 215m（大屋面高度为 205m），共 48 层，第 1 层层高为 6.0m，第 2 ～ 5 层为 5.2m，设备层层高为 4.5m，标准层层高为 4.1m。建筑第 1 ～ 5 层带局部裙房，建筑边长为 44.6m。建筑第 1 ～ 2 层主要为大堂空间，第 3 ～ 5 层为商业用途，第 17 层、第 33 层为设备层，其他楼层为办公用途（尧国皇，陈宜言等，2011）。

　　该塔楼整体的高宽比为 215.0/44.6=4.82，首层核心筒尺寸为 19.2m×22.15m，核心筒高宽比为 215.0/19.2=11.2。工程的结构设计基准期为 50 年，建筑场地类别为 Ⅱ 类，塔楼的安全等级为二级，抗震设防烈度为 7 度，场地特征周期为 0.45s，基本地震加速度为 0.15g，抗震设防类别为丙类，设计地震分组为一组。图 7.73 为动力弹塑性有限元分析模型。

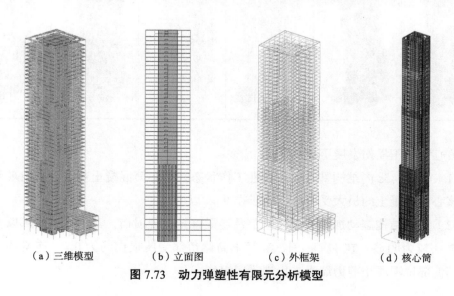

　　（a）三维模型　　　　（b）立面图　　　　（c）外框架　　　　（d）核心筒

**图 7.73　动力弹塑性有限元分析模型**

2. 模型验证

与上相同，进行动力时程分析前对结构非线性模型的各主要弹性性能指标与 ETABS 弹性模型结果进行了对比分析如下：

（1）结构总质量：ETABS 模型 14.4 万 t；ABAQUS 模型 14.5 万 t，质量误差约为 1%。

（2）自振周期与振型：表 7.8 给出了 ABAQUS 模型和 ETABS 模型前六个周期的对比。

表 7.9 给出了前三个振型的变形形状对比，分别为 Y 向平动、X 向平动和扭转。结果显示，ABAQUS 弹性模型与 ETABS 弹性分析模型的动力特性是一致的。通过以上对比，可以认为用于罕遇地震作用下的结构动力弹塑性时程分析的计算模型是准确的。

周期比较（s）　　　　　　　　　　　　　表 7.8

| 振型 | ABAQUS | ETABS | 振型 | ABAQUS | ETABS |
|---|---|---|---|---|---|
| 1 | 4.617 | 4.688 | 4 | 1.423 | 1.272 |
| 2 | 4.421 | 4.576 | 5 | 1.227 | 1.129 |
| 3 | 3.312 | 2.827 | 6 | 1.086 | 1.018 |

结构前六阶振型形态比较　　　　　　　　　表 7.9

| ABAQUS 计算 | | | ETABS 计算 | | |
|---|---|---|---|---|---|
| （1）第一阶 | （2）第二阶 | （3）第三阶 | （1）第一阶 | （2）第二阶 | （3）第三阶 |

核心筒受压损伤发展历程为：

（1）0 ~ 7.45s 内结构基本处于弹性工作状态，核心筒混凝土基本没有出现受压损伤，核心筒混凝土的最大受压损伤因子在 0.05 以下。

（2）随着结构震动加大，筒体角部及连梁首先出现损伤，其中筒体角部以及外部连梁损伤较为明显，在 11s 时刻，混凝土筒体角部受压损伤约为 0.1，连梁约为 0.4，筒体其他部位混凝土剪力墙尚未出现受压损伤。

（3）随着地震动的持续进行，结构核心筒角部受压损伤得到进一步扩展，在 20s 时刻，连梁受压损伤因子达到 0.45，筒体角部约为 0.3。

（4）地震波输入的 20~30s 时间过程中，连梁的损伤进一步增加，但连梁的受压因子均未超过 0.5，而筒体其他部位的受压损伤因子变化不大。

核心筒受拉损伤发展历程如下：

（1）0~5.4s 内结构基本处于弹性工作状态，核心筒混凝土基本没有出现受拉损伤。

（2）随着结构震动加大，中部筒体连梁首先出现损伤，即出现受拉开裂现象，在 7.5s 时刻，中部筒体连梁受拉损伤因子最大约为 0.6。核心筒其他部位则未发生受拉损伤。

（3）随着地震波的持续输入，底部核心筒角部开始受拉，损伤因子和出现受拉损伤的区域也不断增加，同时中部筒体连梁的受拉损伤因子继续增加，在 10.3s 时刻，核心筒的最大受拉损伤因子约为 0.8。

（4）随着地震波的持续输入，核心筒角部出现大面积的受拉损伤，且受拉损伤区域开始形成稳定区域，在 30s 时刻最大的受拉损伤因子达到 0.95，这时混凝土已经基本退出工作，筒体拉力主要由剪力墙中的钢筋承担。

图 7.74 给出了核心筒各片剪力墙最终的受拉损伤云图，从中能更清楚地显示核心筒各剪力墙的损伤情况。图 7.75 给出了核心筒各剪力墙最终的受拉损伤云图（尧国皇，陈宜言等，2011）。

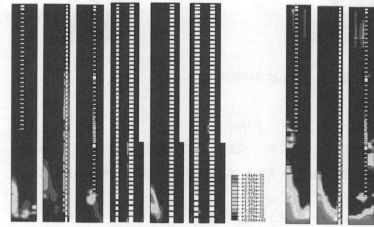 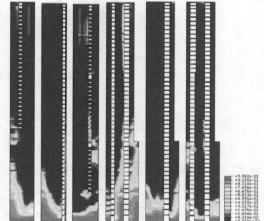

图 7.74　核心筒各剪力墙的最终受压损伤云图　　图 7.75　核心筒各剪力墙的最终受拉损伤云图

表 7.10 给出了结构在罕遇地震波双向输入作用下结构最大层间位移角，从表 2 的计算结果可见，结构在两个方向上的最大层间位移角均小于规范限值 1/100 的要求。

| | 地震波输入作用下结构最大层间位移角 | | 表 7.10 |
|---|---|---|---|
| 方向 | 最大层间位移角 | 楼层 | 发生时刻（s） |
| X 向 | 1/355 | 35 | 10.7 |
| Y 向 | 1/267 | 35 | 10.9 |

计算结果表明，楼板损伤程度随结构层的增加变化不大，在结构中部高度处楼板受拉损伤的范围较大。图 7.76（a）给出了楼板的最终受压损伤云图，可见楼面中部楼板受压损伤程度较外部楼面楼板严重，但其最大受拉损伤因子为 0.1。图 7.76（b）给出了楼板的受拉损伤云图，可见楼面中部楼板受拉损伤程度较外部楼面楼板严重，其最大受拉损伤因子为 0.7。

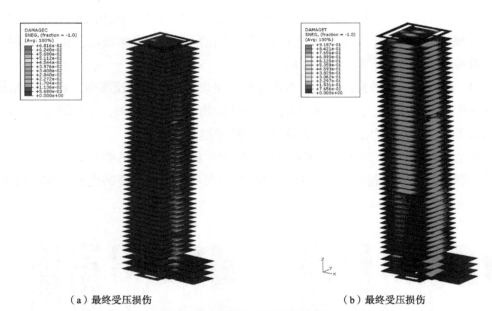

（a）最终受压损伤          （b）最终受压损伤

**图 7.76　楼板的最终损伤云图**

通过上述弹塑性时程分析，可以得到以下结论：

（1）罕遇地震作用下，结构位于底部和上部的核心筒外部剪力墙出现了中等程度的损伤，但钢筋未出现屈服；楼板的受拉损伤较大，受压损伤很小，楼板分布钢筋未出现屈服。

（2）罕遇地震作用下，结构中的连梁在罕遇地震波双向输入作用下出现损伤程度较为严重，起到了一定的耗能作用。

（3）罕遇地震作用下，结构最大层间位移角小于规范限值，可抵御 7 度大震地震波，能够实现"大震不倒"的性能目标。

## 7.3　本章小结

　　本章具体介绍了建筑结构弹塑性分析的工程应用，包括复杂建筑结构构件与节点分析、多层钢筋混凝土框架结构、超高层剪力墙结构、超高层框支剪力墙结构和一栋超高层框架 - 核心筒结构工程实例，还介绍了各工程弹塑性分析模型参数、模型验证以及相关分析结果，以说明本书相关成果在实际工程中的应用情况。

　　对于构件和节点，通过弹塑性分析，可以清楚地了解构件的工作机理以及相关参数对力学性能的影响规律，尤其是为一些新型构件设计应用提供技术支持；对于整体结构，通过罕遇地震作用下的弹塑性分析，可以较为清楚地了解地震波输入各阶段整体结构的应力状态、混凝土的损伤程度和整体结构的变形情况，可以获得结构在罕遇地震作用下的一些定量指标，如最大层间位移、基地剪力时程和顶点位移时程等，有利于更好地进行结构的性能化抗震设计，对复杂结构的抗震设计也有很大的指导作用。

# 参考文献

[1] 江见鲸. 防灾减灾工程学 [M]. 北京：机械工业出版社，2005.

[2] 陆新征，叶列平，缪志伟. 减灾抗震弹塑性分析 - 原理、模型与在 ABAQUS、MSC.MARC 和 SAP2000 上的实践 [M]. 北京：中国建筑工业出版社，2009.

[3] 尚晓江. 高层建筑混合结构弹塑性分析方法及抗震性能的研究 [D]. 北京：中国建筑科学研究院，2008.

[4] 建筑抗震设计规范 GB 50011-2010（2016 版）[S]. 中华人民共和国国家标准，2016.

[5] 高层建筑混凝土结构技术规程 JGJ 3-2002[S]. 中华人民共和国行业标准，2002.

[6] 高层民用建筑钢结构技术规程 JGJ 99-2015[S]. 中华人民共和国行业标准，2015.

[7] Hibbitt，Karlson，Sorenson. ABAQUS Version 6.7: Theory manual，users' manual，verification manual and example problems manual. Hibbitt[M]. Karlson and Sorenson Inc，2007.

[8] 石亦平，周玉蓉. ABAQUS 有限元分析实例详解 [M]. 北京：机械工业出版社，2006.

[9] 李国强，陈素文，丁翔，等. 高层建筑钢 - 混凝土混合结构设计实例. 建筑钢结构进展，2005，7（6）：38-46.

[10] 李检保，吕西林，卢文胜，等. 北京 LG 大厦单塔结构整体模型模拟地震振动台试验研究 [J]. 建筑结构学报，2006，27（2）：10-14.

[11] 龚治国，吕西林，卢文胜，等. 混合结构体系高层建筑模拟地震振动台试验研究 [J]. 地震工程与工程振动. 2004，24（4）：99-105.

[12] 吕西林，邹昀，等. 上海环球金融中心大厦结构模型振动台抗震试验 [J]. 地震工程与工程震动. 2004（3）：57-63.

[13] 曹万林，卢智成，张建伟. 核心筒部分悬挂结构振动台试验及分析. 土木工程学报，2007，40（3）：40-45.

[14] 董慧君，赵作周，钱稼茹，等. 北京新保利大厦结构模型振动台试验研究 [J]. 建筑结构学报，2007，37（4）：14-17

[15] 周春，曲宏，王沁平，等. 招商银行上海大厦模型振动台试验研究 [J]. 建筑结构，2009，39（增刊）：581-583.

[16] 陈惠发，A.F. 萨里普著，余天庆，王勋文译，刘再华校译. 土木工程材料的本构方程（第一卷 弹性与建模）[M]. 武汉：华中科技大学出版社，2001a.

[17] 陈惠发，A.F. 萨里普著，余天庆，王勋文，刘再华译，刘西拉，韩大建校译. 土木工程材料的本构方程（第二卷 塑性与建模）[M]. 武汉：华中科技大学出版社，2001b.

[18] 过镇海.混凝土的强度和变形-试验基础和本构关系[M].北京:清华大学出版社,1997.

[19] 董毓利.混凝土非线性基础[M].北京:中国建筑工业出版社,1997.

[20] 江见鲸.钢筋混凝土结构非线性有限元分析[M].陕西:陕西科学技术出版社,1994.

[21] 江见鲸,陆新征,叶列平.混凝土结构有限元分析[M].北京:清华大学出版社,2003.

[22] 吕西林,金国芳,吴晓涵.钢筋混凝土结构非线性有限元理论与应用[M].上海:同济大学出版社,1997.

[23] 沈聚敏,王传志,江见鲸.钢筋混凝土有限元与板壳极限分析[M].北京:清华大学出版社,1993.

[24] Kupfer H B,Hilsdorf H K,Rusch H. Behavior of concrete under biaxial stress [J]. ACI Journal,1969,66(8):656-666.

[25] Lubliner J,J Oliver,S Oller,E. Oñate. A Plastic-Damage Model for Concrete [J]. International Journal of Solids and Structures,1989,25,299–329.

[26] Lee J,Fenves G L. Plastic-Damage Model for Cyclic Loading of Concrete Structures [J]. Journal of Engineering Mechanics,1998,124(8):892–900.

[27] 方秦,还毅,张亚栋,等.ABAQUS混凝土损伤塑性模型的静力性能分析[J].解放军理工大学学报(自然科学版),2007,8(3):254-260.

[28] 雷拓,钱江,刘成清.混凝土损伤塑性模型的应用研究[J].结构工程师,2008,24(2):22-27.

[29] 尧国皇,黄用军,宋宝东,等.采用塑性损伤模型分析钢-混凝土组合构件的静力性能[J].建筑钢结构进展,2009,11(3):12-18.

[30] 张劲,王庆扬,胡守营,等.ABAQUS混凝土损伤塑性模型参数验证[J].建筑结构,2008,38(8):127-130.

[31] 王中强,余志武.基于能量损失的混凝土损伤模型[J].建筑材料学报,2004,7(4):365-369.

[32] 混凝土结构设计规范GB 50010-2010(2015版)[S].中华人民共和国国家标准,2015.

[33] 韩林海,钢管混凝土结构-理论与实践(第二版)[M].北京:科学出版社,2007.

[34] 尧国皇,赵群昌.建筑结构弹塑性分析技术探索与实践[J].工业建筑,2018(增刊):445-449.

[35] Attard M,M,Setunge S,Stress-strain relationship of confined and unconfined concrete[J]. ACI Materials Journal,1996,93(5):432-442.

[36] 顾祥林,蔡茂,林峰.地震作用下钢筋混凝土柱受力性能研究工[J].工程力学,2010,27(11):160-165.

[37] 何利,叶献国.钢筋混凝土柱滞回性能的数值模拟[J].合肥工业大学学报(自然科学版),2010,33(12):1819-1823.

[38] 庄苗,张帆,岑松,等.ABAQUS非线性有限元分析与实例[M].北京:科学出版社,2005.

[39] Houde,J.,Mirza,M.S..1974. A finite element analysis of shear strength of reinforced concrete

beams[J]. ACI Structural Journal, 42（1）: 143-162.

[40] 廖飞宇. 带钢管混凝土边柱的钢筋混凝土剪力墙抗震性能研究 [D]. 福州: 福州大学, 2007.

[41] 尧国皇. 钢管混凝土构件在复杂受力状态下的工作机理研究 [D]. 福州: 福州大学, 2006.

[42] 尧国皇, 韩林海. 钢管混凝土轴压与纯弯荷载 - 变形关系曲线实用计算方法研究 [J]. 中国公路学报, 2004a, 17（4）: 50-54.

[43] 尧国皇, 韩林海. 钢管自密实高性能混凝土压弯构件力学性能研究 [J]. 建筑结构学报, 2004b, 25（4）: 34-42.

[44] 王祖华, 钟树生. 劲性钢筋混凝土梁的非线性有限元分析 [C]. 北京: 混凝土结构基本理论及应用（第二届学术讨论会）, 1990.609-616.

[45] 赵大洲, 钢骨 - 钢管高强混凝土组合柱力学性能的研究 [D]. 大连: 大连理工大学, 2003.

[46] 王清湘, 赵大洲, 关萍. 钢骨 - 钢管高强混凝土轴压组合柱受力性能的试验研究 [J]. 建筑结构学报, 2003, 24（6）: 44-49.

[47] 朱美春. 钢骨 - 方钢管自密实高强混凝土柱力学性能研究 [D]. 大连: 大连理工大学, 2005.

[48] 王清湘, 朱美春, 冯秀峰. 型钢 - 方钢管自密实高强混凝土轴压短柱力学性能的试验研究 [J]. 建筑结构学报, 2005, 26（4）: 27-31.

[49] T/CECS 188-2019 钢管混凝土叠合柱结构技术规程 [S]. 北京: 中国建筑工业出版社, 2020.

[50] 陈周熠. 钢管高强混凝土核心柱设计计算方法研究 [D]. 大连: 大连理工大学, 2002.

[51] 陈星 等. 地下建筑逆作法与组合结构新技术工程应用 [M]. 北京: 中国建筑工业出版社, 2009.

[52] 陈宜言, 尧国皇. 空腹箱形钢骨混凝土构件的抗扭性能研究 [J]. 钢结构, 2009, 24（12）: 10-13.

[53] 梁兴文, 邓明科, 张兴虎, 等. 高性能混凝土剪力墙性能设计理论的试验研究 [J]. 建筑结构学报, 2007, 28（5）: 80-88.

[54] 中国工程建设标准化协会. CECS 159: 2004. 矩形钢管混凝土结构技术规程 [S]. 北京: 中国计划出版社, 2004.

[55] 刘永健. 矩形钢管混凝土桁架节点极限承载力试验与设计方法研究 [D]. 湖南大学, 2003.

[56] 尧国皇, 宋宝东, 黄用军, 等. 矩形钢管混凝土 T 型受压节点受力性能的有限元分析 [J]. 2008, 23（2）: 7-11.

[57] 廖飞宇. 钢管混凝土叠合结构梁柱连接节点的力学性能研究 [D]. 北京: 清华大学, 2012.

[58] 韩林海, 陶忠, 王文达. 现代组合结构和混合结构 - 试验、理论和方法 [M]. 北京: 科学出版社, 2009.

[59] Sun M, Hu K, Zhang Y, Wei G, Rong H. Molecular simulation and experimental investigation on enhancement of microbe cement in municipal solid waste incineration fly ash[J]. Frontiers in Materials, 2022, 9: 1013580.

[60] Sun M, Yang Q, Zhang Y, Wang P, Hou D, Liu Q, Zhang J, Zhang J. Structure, dynamics and

transport behavior of migrating corrosion inhibitors on the surface of calcium silicate hydrate：a molecular dynamics study[J]，Physical Chemistry Chemical Physics，2021，23（5）：3267-3280.

[61] Sun M，Fu Y，Wang W，Yang Y，Wang A. Experimental Research on the Compression Property of Geopolymer Concrete with Molybdenum Tailings as a Building Material[J]. Buildings，2022，12（10）：1596.

[62] Sun M，Xu W，Rong H，Chen J，Yu C. Effects of dissolved oxygen（DO）in seawater on microbial corrosion of concrete：Morphology，composition，compression analysis and transportation evaluation[J]，Construction and Building Materials，2023，367：130290.

[63] 尧国皇.超高层建筑结构的动力弹塑性分析技术研究[D].北京：清华大学，2012a.

[64] 尧国皇，于清，郭明.高层钢管混凝土框架-RC核心筒结构的弹塑性时程分析[J].建筑钢结构进展，2014，16（2）：32-41.

[65] 尧国皇，王卫华，郭明.超高层钢框架-钢筋混凝土核心筒结构的弹塑性时程分析[J].振动与冲击，2012，31（14）：137-142.

[66] 尧国皇，王卫华，陈宜言.超高层钢框架-核心筒结构弹性与弹塑性时程分析结果对比研究[J].北京工业大学学报，2013a，39（4）：529-535.

[67] 尧国皇，陈宜言，郭明，等.超高层钢筋混凝土框架-核心筒结构的弹塑性时程分析[J].工程抗震与加固改造，2013b，35（3）：1-9.

[68] 宋宝东，黄用军，尧国皇，等.深圳卓越·皇岗世纪中心项目2号塔楼结构设计[J].广东土木与建筑，2007（9）：11-13.

[69] 黄用军，尧国皇，宋宝东，等.钢管混凝土叠合柱的计算与设计[J].钢结构，2008，23（7）：12-14.

[70] 尧国皇.钢管混凝土叠合柱柱脚下混凝土局部受压性能研究[J].广东土木与建筑，2008（10）：37-38.

[71] 尧国皇.钢管混凝土叠合柱轴压性能研究[D].北京：清华大学，2012b.

[72] 尧国皇，李永进，廖飞宇.钢管混凝土叠合柱轴压性能研究[J].建筑结构学报，2013c，34（5）：114-121.

[73] 尧国皇，陈宜言，郭明，等.内配方钢管的钢管混凝土叠合柱轴压性能研究[J].建筑钢结构进展，2013d，15（2）：26-30.

[74] 郭明，尧国皇.内配方钢管的钢管混凝土叠合柱轴压力学性能的初步研究[J].特种结构，2015，32（2）：11-15.

[75] 黄用军，宋宝东，尧国皇，等.深圳卓越·皇岗世纪中心项目二号塔楼结构设计与研究[J].建筑钢结构进展，2009，11（2）：48-55.

[76] 尧国皇，廖飞宇.基于试验数据的内置圆钢管混凝土方形叠合短柱轴压强度计算方法比较[J].钢结构，2019，34（10）：16-20.

[77] 尧国皇，黄用军，宋宝东．深圳卓越·皇岗世纪中心项目二号塔楼结构抗震设计 [J]. 钢结构，2009，24（7）：43-46.

[78] 尧国皇，黄用军，郑小鹰，等．新型钢管混凝土柱 - 钢筋混凝土梁节点试验研究 [J]. 工业建筑，2010a，40（7）：100-104.

[79] 尧国皇，陈宜言，林松．新型钢管混凝土柱 - 钢筋混凝土梁节点的有限元分析 [J]. 特种结构，2010b，27（6）：34-38.

[80] 尧国皇，陈宜言，黄用军，等．新型钢管混凝土柱 - 钢筋混凝土梁节点抗震性能试验研究 [J]. 工业建筑，2011a，41（2）：97-101.

[81] 尧国皇，陈宜言，潘东辉，等．厦门市海峡交流中心二期 2 号塔楼结构设计与研究 [J]. 建筑钢结构进展，2011b，13（2）：15-23.

[82] 潘东辉，尧国皇，黄用军．某超高层钢管混凝土柱框架 - 核心筒结构的抗震设计 [J]. 钢结构，2010，25（1）：24-27.

[83] 尧国皇，谭伟，施永芒，等．世界大运会游泳馆钢结构复杂柱脚的受力性能研究 [J]. 建筑钢结构进展，2010，12（3）：14-18.

[84] 孙素文，黄用军，尧国皇，等．深圳平安金融中心巨型型钢混凝土柱脚设计 [J]. 建筑钢结构进展，2012，14（4）：39-43.

[85] 尧国皇，谭伟，张进军，等．惠阳体育会展中心上部钢结构设计 [J]. 钢结构，2009a，24（4）：32-37.

[86] 尧国皇，谭伟，施永芒，等．惠阳体育会展中心钢结构总装模型计算与分析 [J]. 钢结构，2009b，24（4）：38-40.

[87] 尧国皇，黄用军，宋宝东，等．钢管混凝土柱 - 钢筋混凝土环梁中柱节点受力性能研究 [J]. 钢结构，2008，23（9）：22-25.

[88] 尧国皇，廖飞宇，徐伟伟．复杂钢 - 混凝土组合节点有限元分析 [J]. 特种结构，2017a，34（3）：7-11.

[89] 尧国皇．罕遇地震下带转换层的高层剪力墙结构损伤分析 [J]. 深圳信息职业技术学院学报，2017，15（1）：24-28.

[90] 尧国皇，廖飞宇．罕遇地震下某高层框支剪力墙结构的弹塑性时程分析 [J]. 特种结构，2017b，34（4）：1-6.

[91] 尧国皇，陈宜言，郭明，等．某超高层钢管混凝土框架 - 核心筒结构设计计算综述 [J]. 工程抗震与加固改造，2011，33（4）：66-72.

[92] 尧国皇，孙占琦，孙素文，等．某超高层钢管混凝土框架 - 核心筒结构的整体稳定性分析 [J]. 钢结构，2009，25（6）：35-38.

[93] 尧国皇，于清，郭明．高层钢管混凝土框架 - 混凝土核心筒结构的竖向变形差分析 [J]. 建筑钢结构进展，2014，16（1）：58-64.